〔英〕劳伦斯·豪威尔斯
（Lawrence Howells）著

焦培 金翌欣 译

解锁内在情绪力量

情绪说明书

UNDERSTANDING
YOUR 7 EMOTIONS

中国原子能出版社 中国科学技术出版社
·北 京·

Understanding Your 7 Emotions
CBT for Everyday Emotions and Common Mental Health Problems, 1st edition
ISBN: 9780367685638
© 2022 Lawrence Howells
All Rights Reserved
Authorised translation from the English language edition published by CRC Press, a member of the Taylor & Francis Group. Responsibility for the accuracy of the translation rests solely with China Science and Technology Press Co.,Ltd and China Atomic Energy Publishing & Media Company Limited.
Copies of this book sold without a Taylor & Francis sticker on the cover are unauthorized and illegal.

北京市版权局著作权合同登记　图字：01-2023-3997。

图书在版编目（CIP）数据

情绪说明书：解锁内在情绪力量 /（英）劳伦斯·豪威尔斯（Lawrence Howells）著；焦培，金翌欣译. — 北京：中国原子能出版社：中国科学技术出版社，2023.12

书名原文：Understanding Your 7 Emotions

ISBN 978-7-5221-3075-0

Ⅰ.①情… Ⅱ.①劳… ②焦… ③金… Ⅲ.①情绪—心理学 Ⅳ.① B842.6

中国国家版本馆 CIP 数据核字（2023）第 207146 号

策划编辑	李　卫	文字编辑	史　娜
责任编辑	付　凯	版式设计	蚂蚁设计
封面设计	仙境设计	责任印制	赵　明　李晓霖
责任校对	冯莲凤　张晓莉		

出　　版	中国原子能出版社　中国科学技术出版社
发　　行	中国原子能出版社　中国科学技术出版社有限公司发行部
地　　址	北京市海淀区中关村南大街 16 号
邮　　编	100081
发行电话	010-62173865
传　　真	010-62173081
网　　址	http://www.cspbooks.com.cn

开　　本	880mm×1230mm　1/32
字　　数	221 千字
印　　张	10.25
版　　次	2023 年 12 月第 1 版
印　　次	2023 年 12 月第 1 次印刷
印　　刷	北京盛通印刷股份有限公司
书　　号	ISBN 978-7-5221-3075-0
定　　价	59.80 元

临床心理学家就是将临床心理学的理论应用于"临床"的人，帮助那些正在与心魔做斗争的人。为了成为一名临床心理学家，我攻读了两个学位，花了十多年时间专门研究心理学，以及如何运用心理学来帮助有心理问题的人。在我求学期间，这本书所涉及的内容并不是我的主要科研任务，甚至可以说这方面的研究前无古人。所以这些年来，我都是自学成才，这本书里几乎所有的内容都是我自己的研究成果。

其实，情绪并不属于我们心理学家研究的范畴。这句话听起来可能有些奇怪。心理学家研究认知（思维）、记忆、儿童发展和动物行为，但是并没有重点关注情绪发展。我们会研究各种各样的治疗方法，例如认知行为治疗（CBT）[①]、认知分析治疗[②]和

---

① 认知行为治疗，由阿朗·贝克于20世纪60年代发展出的一种有结构、短程、认知取向的心理治疗方法，主要针对抑郁症、焦虑症等心理疾病和不合理认知导致的心理问题。——译者注

② 认知分析治疗，以纠正和改变患者适应不良性认知为重点的心理治疗的总称。以改变不良认知为主要目标，继而使患者情绪及行为产生变化，以促进其心理健康。——译者注

系统治疗[①]，以及各种失调症。我们还要熟知抑郁、焦虑和精神分裂症的症状，学习对应的治疗方法，但这些领域都并不涉及情绪。

对我的研究来说，这倒是难点所在。我就职于一家青少年心理健康服务机构，这家机构刚成立不久，专门为14~25岁青少年服务。年轻人带着烦恼和困扰来寻求帮助，而我则需要努力区分他们遇到的问题，哪些属于"正常"的一类，哪些属于"不正常"的一类。倘若我不知道情绪的原理，不知道它们为何存在，也不知道它们如何以及何时会对我们产生积极影响，我又该从何得知什么是"正常"的烦恼呢？即使年轻人的感受看起来很"不正常"，但是倘若我不知道什么才是"正常"的感受，我又怎么能帮助他们重回正轨呢？

于是我开始寻根究底，研读大量和人类情绪有关联的研究成果。我发现，其实很多心理学家都对情绪这个课题很感兴趣，也都用各自的方式研究过情绪。他们研究了不同文化背景下的情绪，探索了情绪对我们的身体、思考方式和行为的影响。其中，我对情绪的运作方式及其功能很感兴趣。我把这方面的内容和我所学到的针对不同问题的治疗方式联系在一起之后，惊讶地发现，其实情绪科学和情绪治疗之间，尤其是和认知行为治疗之间

---

① 系统治疗，一般指有条理的严谨的专业治疗。系统治疗不单指药物治疗量的系统使用，还指治疗的过程，包括药物治疗和其他治疗方法。——译者注

的联系非常紧密。事实上，把这两个知识体系结合在一起，可以解释很多我以前百思不得其解的问题。

所以这本书对我的工作来说非常重要。它是我多年来在学术研究和临床治疗中的工作结晶，解答了我在职业生涯早期遇到的一些问题。有的问题我都羞于开口请教，比如：

- 愤怒的作用是什么？
- 为什么我们在感到极度悲伤时，同时会觉得无助和绝望？
- 我们该如何判断自己处理情绪的方式是否健康？
- 如果感到羞愧，我该怎么办？
- 到底什么是心理健康问题？

对于最后一个问题，我苦思冥想了很久。我翻阅了各种文献，绞尽脑汁，甚至试图模仿周围人的行为举止，但都无济于事。我一度认为自己永远都无法真正弄清楚自己的思维、感觉和行为方式与同事的有什么本质区别。这让我总结出一个理论，在此抛砖引玉，希望大家一起思考：我们所有人的情绪和体验情绪的方式，并没有本质上的不同。无论情绪是好是坏，我们感受它的方式都大同小异，差异只存在于我们处理情绪的方式。如果我们处理情绪的方式不当，就会给自己带来情绪障碍；如果我们能够理解并接受情绪，忍耐负面情绪，采取有益的应对方式，知道该如何摆脱情绪陷阱，那么我们就能够掌握身心健康的奥秘。这也是本书的主题。如果你现在看得一头雾水，那么请继续读下去吧，因为后面几章会有更详细的解释。

我确信你现在还是不太了解人类的七种情绪。那么我建议你最好记下自己的疑问，因为答案就在这本书里。如果你没有找到答案，也请告诉我，我会尽我所能给出答案，并在第二版中继续讨论。

我是心理学方面的专家，也是一名学者，所以我尽量把这本书写得既科学严谨，又简单易读。如果你感兴趣的话，可以看看章节末的注释和引文。注释罗列了一系列的证据，用以支撑我的论点。当然，你也完全可以跳过这些部分，直接阅读正文！

写作这本书的过程十分美妙。多年来，我一直在探索书中提到的想法。我在治疗过程中和客户们讨论，在管理和培训时和同事们探讨，还在课堂上向学生们传授这些想法，孜孜不倦、乐此不疲。我在处理自己的情绪和日常工作时，也会践行这些想法。我希望你能喜欢这本书，也希望不管你是出于什么原因阅读这本书，它都可以给你提供一些答案和想法，帮助你解决问题。

目录

引 言

INTRODUCTION

　　你读这本书的原因可能是觉得自己无法管理情绪，或者是情感上出了问题，遇到了麻烦；可能是你觉得自己比旁人容易更激动或更冷静，抑或是处理不好恐惧或悲伤等个别情绪；还可能是因为你对自己的情绪很感兴趣，想知道怎样才能更快乐；又或许是你收到了别人或自己给自己的某种心理健康诊断，给自己贴上了情绪障碍的标签；还有可能是为了更好地理解别人的情绪，比如你的孩子或其他你认识的人。

　　无论你读这本书的原因是什么，希望本书都能让你记住，情绪是我们人类基本体验的一部分。我们每个人都有 7 种基本情绪，体验方式大同小异。这些情绪会影响我们的感觉、思维、身体和表情，甚至还会左右我们的行为。每种情绪也都有其特定的作用，可以在日常生活中帮助我们。

　　不仅如此，本书还会从不同的角度理解情绪障碍。本篇引言概述了心理健康诊断的一些重大问题。例如，心理健康诊断会将我们视为"患者"，并尝试套用一种疾病模型[①]来让我们恢复健康。本书还会讨论我们应该如何把情绪障碍看作是处理情绪方面的问题，而不是情绪本身的问题。我在认知行为疗法的基础上，

----

① 疾病模型，泛指生物医学科学研究中建立的具有人类疾病模拟表现的动物实验对象和材料，这有助于人类更全面地认识疾病本质。因此，动物模型已成为现代医学研究中一种极为重要的实验方法和手段。——译者注

将这些问题称为"情绪陷阱"。本书总结出三个原则，来帮助你理解和接纳情绪、忍耐情绪，采取有效应对方式，走出情绪陷阱。

这篇引言为本书其余的内容奠定了理论基础。无论你阅读本书是为了更好地处理七种情绪、摆脱情绪陷阱，还是为了理解他人的情绪，背后的基本原理都已涵盖于引言之中。

使用情绪科学来帮助你更快乐、更充实——这就是这本书的独特之处。

一、七种情绪

《斯坦福哲学百科全书》(*Stanford Encyclopedia of Philosophy*)指出："在精神生活中，情绪对于我们的生活质量和意义来说是最重要的一环。情绪让我们感受到了人间值得，有时也让我们死得其所。"[1]你在阅读本书时，可能也会赞同情绪是我们生活的重要组成部分。练习 0.1 会测试你对情绪的了解程度。关于本练习中的问题，我将在下一部分给出答案，这样你就可以知道自己对情绪了解多少了。

练习 0.1　你对情绪了解多少？

是什么导致了情绪？

情绪有哪些不同的元素？

情绪的意义何在？

尽管英语中描述情绪的词不计其数，但由大多数理论定义的主要情绪却屈指可数，而其他情绪则是由这些情绪组合而来的。早期理论对基本情绪的数量各执一词。亚里士多德提出了十四种不同的核心情绪，这些情绪不可拆解。它们是愤怒、平静、敌意、友爱、恐惧、自信、羞耻、无耻、善良、不仁、怜悯、愤慨、竞争和嫉妒。[2] 罗伯特·普拉特契克（Robert Plutchik）[①] 定义了八种主要情绪，即愤怒、期待、喜悦、信任、恐惧、惊讶、悲伤和厌恶。[3] 他将这些情绪排成一个圈，从中挑选出主要情绪来组成其他情绪，就像用调色板上的原色搭配调出更多的颜色一样。他还举了两个例子：愤怒和厌恶结合产生仇恨，快乐和接纳结合则产生爱。保罗·艾克曼（Paul Ekman）[②] 认为人类有七和基本情绪，即使是文化背景不同的人，也可以从彼此的表情中识别出这些情绪。[4]

这本书就主要讨论了我们的七种主要情绪：恐惧、悲伤、愤怒、厌恶、内疚、羞耻和快乐。[5] 每种情绪都用专门的一章来讨论，所有章节结合在一起，就涵盖了我们在生活中主要的情绪体验，以及我们在情绪方面可能遇到的主要问题。

---

① 罗伯特·普拉特契克，阿尔伯特·爱因斯坦医学院的名誉教授、南佛罗里达大学兼职教授，心理学家，研究方向包括情绪研究、自杀和暴力行为，以及心理治疗过程。——译者注

② 保罗·艾克曼，美国心理学家，研究方向包括脸部表情辨识、情绪与人际欺骗论。——译者注

（一）情绪的起因

每种情绪的起因都不一样，某种提示或细微变化才会产生对应的某种情绪。这些起因可能显而易见，例如某人或某物的接近，也可能是别人说了或做了什么，或者是别人对待我们的方式，还可能是我们自己做了或说了什么，再或者是我们脑海中一闪而过的想法、点子或记忆。不管是什么，总有一些东西会引发我们的情绪。有时候，我们其实对某个情绪的起因心知肚明，所以我们可以更容易理解和处理这个情绪。也正是出于这个原因，本书中许多练习都需要你去思考，自己何时强烈感受到某种特定的情绪。而在其他时候，我们可能会在不明所以的情况下注意到某种情感，因此我们必须多多思考为什么会有这种感觉。

有时候，我们会同时有好几种情绪，或者依次感受到一系列情绪。还有时候，我们会发现在不同的情况下有相似的情绪。要想理解该情绪，很重要的一步就是要学会抽丝剥茧，找出原因。本书每章都有一节会专门介绍产生这七种情绪的起因，以帮助你找到源头。

（二）情绪五元素

情绪由五种不同的元素组成。最显而易见的是我们的感觉，也就是我们对情绪的有意识体验。还有其他元素，比如身体和面部变化、各种想法和思维方式，以及不同的行为或动机。你在做练习 0.1 的时候，是否想到了这些元素呢？是否还写下了其他元素呢？接下来我将更详细地介绍这些元素。

1．感觉

　　感觉通常是情绪中最明显的元素，每种情绪都与感觉息息相关。我们用以描述各种感觉的词语不胜枚举，从最基本的"悲伤""愤怒""不开心"这种简单的表达，到更丰富多彩的形容情绪的词语，如"飘飘然""热血沸腾""欣喜若狂"，等等。在情绪体验中，感觉是一个独立的元素。

2．身体反应

　　情绪体验中另一个最明显的元素是身体反应。当我们获得某种情绪体验时，身体也会有各种各样的变化。这些变化主要是由于自主神经系统（autonomic nervous system）[1]的失衡。交感神经（sympathetic）[2]和副交感神经（parasympathetic）[3]是自主神经系统

---

① 自主神经系统：脊椎动物的末梢神经系统，由躯体神经分化、发展，形成机能上独立的神经系统。——译者注

② 交感神经：植物神经系统的一部分。交感神经元位于脊髓胸腰段的侧角内，其纤维由相应脊段发出，终止于椎旁神经节或椎前神经节，称为节前纤维。——译者注

③ 副交感神经：植物神经系统的一部分。由脑干的某些核团及脊髓骶段的灰质中间外侧柱发出节前神经元，混合于脑神经或脊神经中行走，到达器官内或器官旁，与副交感神经节中的节后神经元发生突触联系，随后节后神经元分布于内脏器官、平滑肌和腺体，并调节其功能活动。——译者注

的两种状态，不同情绪对应着这两种状态不同的激活水平。

交感状态就像汽车的油门踏板，它会同时激活身体的许多部位。这种状态由肾上腺素和皮质醇触发。我们的身体已经准备好进行高速体能运动，紧绷的肌肉从心脏接收最大流量的血液，从肺部接收大量的氧气。但是许多人其实并不知道，我们的感官和注意力也会产生一些重要变化。我们的所有感官都得到了提升，视觉和听觉大大增强，所以周围的事物会变得更加清晰。你不妨把注意力想象成聚光灯，就像一束光照亮一点，注意力只需要集中于有用的目标上。消化活动、免疫力和性欲，以及其他在当下不那么重要的事情，都会被搁置一旁。我们在感到愤怒和恐惧时，交感神经系统就会表现出高度激活的特征，这也叫作"战斗或逃跑反应"（fight or flight）[1]。

副交感状态就像汽车刹车踏板，它能减慢身体速度以节省能量，同时消化、吸收和呼出过程也都缓慢渐进。我们的心率降低，肌肉变重，身体开始蓄能，注意力与交感神经激活时相比也不再那么集中。这种状态被称为"休息与消化"（rest and digest）或"喂养与培育"（feed and breed）[2]。悲伤就是一种受副交感状态

---

[1] 战斗或逃跑反应：心理学、生理学名词，为1929年美国心理学家怀特·坎农（Walter Cannon）所创建，其发现机体经一系列的神经和腺体反应将被引发应激，使躯体做好防御、挣扎或者逃跑的准备。——译者注

[2] 副交感神经系统通常被通俗地描述为自主神经系统的"喂养与培育"或"休息与消化"部分，在这两种状态下，血流量增加，为人体提供所需要的能量和营养，以产生胃酸和消化酶。——译者注

激活时支配的情绪。

3. 面部表情

每种情绪都有一个独有的面部表情。[6] 我们即使是在不同文化中也能分辨出那些最基本的表情，但许多其他表情则更微妙，也更难辨别。

面部表情与身体对情绪的反应也息息相关。例如，我们感到恐惧时，会睁大眼睛，以便在险境中看得更清楚；我们感到厌恶某种气味时，会捏住鼻子，尽量少闻到一点儿气味，还可能会伸出舌头来吐掉难吃的东西。

4. 思维

在我们的情感生活中，理解情境的方式是最重要的元素之一。有时我们可以很轻松地说出自己理解情境的方式，因为我们很清楚自己当时的想法。而很多时候，我们的想法可能会藏在潜意识里，就连自己都无法感知到。无论是哪种情况，我们都给所发生的事情赋予了意义，这都是影响情绪的重要因素。有一个例子可以说明理解在情感中的重要性。

想象一下，你给朋友发了一条短信，但他没有回复。你可能会从不同的角度来理解这件事。

"他的手机没电了"：这可能会让你觉得没什么，也可能会让你有点儿恼火。

"他对我感到厌烦"：这可能会让你感到难过或羞愧。

"我冒犯了他"：这可能会让你感到内疚。

"发生了可怕的事情"：这可能会让你感到害怕。

对同一情况的不同理解会导致不同的情绪反应。

> 我们对情境的理解方式深深地影响着我们的情绪。

5. 行为

每种情绪都与一种行为冲动有关。这种行为冲动可以是想行动，也可以是不想行动，包括逃跑、大喊、哭泣、拥抱、退缩或大笑。我们可以克服这些冲动，或用其他行为来代替。例如，用咬住舌头来代替大喊大叫，或者用闭上眼睛来代替逃跑。行为冲动与情绪功能以及我们产生这种情绪的原因有关。

6. 将情绪五元素结合起来

各种有关情绪的理论在本章概述的元素（感觉、身体反应、面部表情、思维和行为）上各有不同的侧重点。[7]有的理论把身体知觉放在首位，有的则优先考虑思维，还有许多理论研究面部表情。在本书中，我们认为情感体验源于所有元素之间的相互作用。[8]本书的每一章都详细介绍了与七种情绪相关的五个要素。

> 情绪源于感觉、身体反应、面部表情、思维和行为的变化。

（三）情绪的功能

达尔文在有关进化和自然选择的理论中，认为情绪是一种有用的功能。他的中心思想是，情绪以及我们表达情绪的方式与其他特征一样，已经得到进化，因为这有助于物种生存。人们认为情绪可以协调不同的生理系统，在不同情况下产生连锁反应，以达到自保和长久生存的目的。[9] 一直以来，大多数情绪理论都接受了这一观点。

在练习 0.2 中，请思考对你来说很重要的事物或人的情绪。[10] 仔细思考每种情绪，以及你为什么会在这种情况下有这种情绪。你觉得这种情绪会让自己做出什么行为？当你有这种冲动时又该怎么办？

练习 0.2　情绪的功能

你需要一张白纸来完成本次练习。

想想对你来说很重要的人，在纸上写下他们的名字。

现在把纸翻过来，写下你对这个人的情感。可以写你现在的感觉，或者你希望以后会有的感觉，也可以是以前的感觉。试着想一想所有感觉，并写下你认为会产生这种感觉的原因。

情绪最主要的功能是保护我们免受威胁。每当有威胁时，大脑就会把情绪的五个元素结合在一起，帮助我们做出反应。但所有生物要做的可不仅仅是保护自己免受威胁，一味地躲避威胁并不是生存的长久之计。所有生物都必须寻找食物、住所、同类和伴侣。因此，情绪也提供了动力，促使人们探索、玩耍与互动。

这些是个人层面关于情绪功能的例子，在群体层面，情绪也发挥着作用。在练习 0.2 中，你感受到的某些情绪可能促使你做出一些利人不利己的事情，比如照顾他人或者其他有利于他人的事。因此，情绪在群体层面也能发挥作用，将家庭和社区团结在一起。

> 每种情绪都有助于我们针对不同情况做出不同反应，于人于己都有利。

现在再回头看看练习 0.2 并翻看纸的两面。在背面，你写下了可能产生的情绪，其中一些也许并不令人愉快，或者让你难以面对。如果想摆脱曾经那些恐惧、悲伤或愤怒等不愉快的情绪，你需要做什么？问题就在于，你必须摆脱这张纸正反两面所有的内容，即你生活中的重要人物以及与他们相关的情绪，无论这些情绪让你愉快还是不愉快。

这个问题突出了本书的一个重要思想：情绪是生活的一部分。我们不能选择拥有或不拥有情绪，也根本无法摆脱情绪。我们也不能抓住情绪不放，因为它们会随着情况而变化。我们现在拥有的感觉，可能在过去和未来都不一样。如果我们试图强迫自己拥有某种情绪，比如试图一直快乐，试图从不害怕，或者试图摆脱愤怒，那么很可能会出问题。本书后面的章节将会详细介绍这些问题。

> 情绪不是一种选择，而是我们生活的一部分。

（四）情绪与大脑

有大量研究将这些情绪体验映射到大脑的不同部分，以调查情绪及其相关问题，这非常有趣。本书将用一个简单的理论来阐述这一点。大脑可以分为三部分，大致分别对应人类大脑进化的不同阶段。[11] 这个理论通俗易懂，可以通过"手脑"①（Hand Brain）来体现（图 0-1），即把大脑映射到手部。[12]

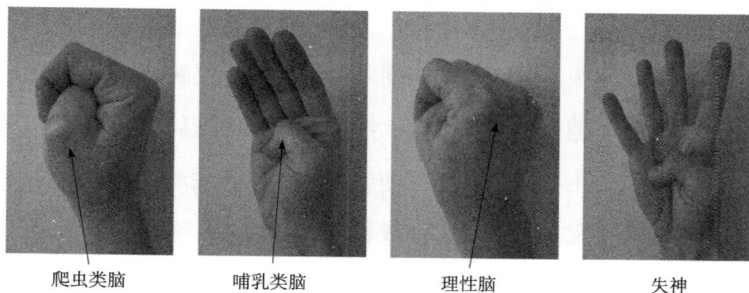

爬虫类脑　　　哺乳类脑　　　理性脑　　　失神

图 0-1　三种"手脑"和失神

---

① 手脑：由医学博士丹·西格尔（Dan Siegel）提出。手可以作为"工作模型"来理解大脑如何工作，这一概念可以帮助护理人员更好地理解自己的情绪以及看护之人的情绪。——译者注

伸出你的手，张开手掌，弯曲拇指，然后用其他四指包住大拇指，就形成了所谓的"手脑"。步骤如上图所示，详情如下所述。

1. 爬虫类脑（reptilian brain）

手腕和拇指根部代表爬虫类脑。爬虫类脑位于脑干，在脊柱和颅骨连接处的上方。从进化的角度来看，爬虫类是大脑中最早发育出来的部分，大约有 3 亿年的进化史。爬虫类脑控制着基本的生存行为，比如自我保护、守卫领土、外出狩猎、觅食和交配。有时，这一系列活动叫作"生存四法则"，分别是逃跑、打斗、进食和交配。

2. 哺乳类脑（mammalian brain）

包裹在拳头里的拇指代表哺乳类脑。哺乳类脑的历史不如爬虫类脑久远，但也非常古老，大约有 2 亿年的进化史。哺乳动物和爬行动物的主要区别在于：哺乳动物是社会性动物，出生时非常脆弱，需要父母的照料才能成长发育。因此，哺乳类脑负责玩耍和亲体本能。

3. 理性脑（rational brain）

人类大脑进化史上的最后一个主要阶段叫作"理性脑"。这部分大脑约占人脑总质量的 80%，相当于手背和所有手指。理性脑是人类独有的脑组织，掌管着其他哺乳动物所没有的能力，比如语言、计划、抽象思维和感知能力等。这部分大脑拥有理性思考的功能，所以叫作"理性脑"，不过它也并不总能进行完全理性的思考。

以上手脑的三部分通常可以合作无间，但是，它们之间有时也会发生冲突，或是一部分大脑凌驾于另一部分之上。

最明显的例子是战斗或逃跑反应激活时的情况。我们受到威胁时，爬虫类脑就会掌控我们的身体，迫使理性脑离线脱机，这种情况叫作"失神"。代表理性脑的手指向上翻转，露出爬虫类脑，常见于我们感到极度恐惧（见第一章）和愤怒（见第三章）的时候；或者，理性脑略受挤压和限制，其理性功能受损，与第二章中的"伤"情况相同。本书每一章都会参考这个模型，模拟大脑对不同情绪做出反应的方式。

二、情绪障碍与心理健康诊断

许多有情绪障碍的人会接受某种心理健康诊断。心理健康诊断率不断上升，这方面的公众意识也在提高，但人们对于许多心理健康诊断的真相还知之甚少。实际上，心理健康诊断在科学层面上存在缺陷，心理健康诊断的方式也仍存在重大问题。本部分概述了什么是心理健康诊断及其优缺点，[13] 旨在帮助你认识什么是心理健康诊断，告诉你一些心理健康诊断不会告诉你的事情。本部分并不是说我们没有任何心理健康方面的问题，也不是说痛苦不存在，或者说它对生活影响甚微，而是鼓励我们要从不同的角度来看待心理健康诊断。

许多人在进行心理健康诊断时，并没有真正考虑过这种诊断的内涵及其背后的逻辑。不妨试试练习0.3，它强调了一些关于心理健康诊断的问题，而我们或许从未问过自己这些问题。

练习0.3　什么是心理健康诊断？

何为心理健康诊断？心理健康诊断如何进行？

如果你接受了一次心理健康诊断（或者自查），这意味着什么？你会对自己有不同的看法吗？会有怎样的不同看法呢？

诊断结果会影响你的行为方式吗？你会将你的诊断结果告诉其他人吗？你会跟别人怎么说？你为什么要告诉他们？如果其他人将他们的诊断结果告诉你，你会如何看待他们？别人的心理健康诊断结果会改变你对他们的看法吗？

诊断结果是一个医学术语，用于描述某种疾病。在诊断过程中，医生将一组可观察到的症状整合在一起，将其与潜在的病因相联系。随后，医生对症下药，采取针对潜在病因的治疗方式，从而缓解症状，使我们再次"健康"。

我们以一个生理健康诊断为例。如果我去看医生的时候有以下症状：

高烧。

咽喉痛。

脖子某腺体肿大。

扁桃体发炎。

医生可能会推断我患有细菌性扁桃体炎[①]（bacterial tonsillitis），并通过咽拭子检测链球菌[②]（streptococcal bacteria）来确认诊断结果，然后用抗生素治疗。症状暗示了潜在病因，而病因可以通过检测确认，随后是对症下药，缓解症状。

> 诊断：联系症状与潜在病因。
>
> 治疗：对症下药以缓解症状。

然而，在心理健康诊断中，情况却并非如此。这是因为目前还没有确定的潜在病因用以诊断心理健康。心理健康诊断是对以往诊断经验的整合与归纳，可以称为疾病，但它与任何潜在病因都无关。[14] 这对心理健康专家来说确信无疑，但却往往不为普通人所知。

因此，如果我去看医生的时候说：

---

① 细菌性扁桃体炎：一种较为严重的扁桃体感染，是由致病微生物引起的感染性疾病，主要表现为咽痛，病原体可通过呼吸道飞沫或直接接触传染。——译者注

② 链球菌：化脓性球菌的一类常见的细菌，广泛存在于自然界和人及动物粪便和健康人鼻咽部，大多数不致病。引起的人类疾病主要有化脓性炎症、毒素性疾病和超敏反应性疾病等。——译者注

我大部分时间都很痛苦。

我精神不振。

我食欲不佳。

我经常否定自己。

我的医生可能会将我的症状诊断为抑郁症。然而，无论是 X 光片、验血、脑部扫描还是基因测试，都无法将我与没有诊断出抑郁症的人区分开来，也没有证据表明，在大脑运转方式上，我与常人有什么不同。尽管有人认为心理健康障碍的起因是大脑中的化学物质失衡，但没有证据表明我大脑中的化学物质与常人不同。除了我自述的经历外，没有任何东西可以将我与其他人区分开来。[15] 这就会产生一个循环论证（circular argument）[①]：我感到痛苦是因为我"患有抑郁症"，我知道我"患有抑郁症"是因为我很痛苦。

> 目前尚未确定任何用于心理健康诊断的潜在病因。

这时候，你可能就会考虑药物治疗。可是，仅因为市面上有"抗抑郁药"（antidepressants）或"情感稳定剂"（mood stabilisers）销售，就代表大脑中一定存在可以通过药物纠正的化学物质失衡吗？

---

① 循环论证：又称为"丐词魔术"等，用来证明论题的论据本身的真实性要依靠论题来证明的逻辑错误。——译者注

　　一种药物想要获得销售许可，必须要有证据证明它安全有效。目前已经有许多药物正在进行试验，而且不少药物已经初现疗效。然而，研究还发现药物似乎并不具有针对性，也就是说，通常叫作"抗抑郁药"的药物不仅适用于治疗抑郁症，还可以用于治疗其他多种心理疾病，如强迫症、社交焦虑症和恐慌症。[16]所谓的抗抑郁药似乎也不是直接针对抑郁症本身，而是以其他方式起作用，如减少焦虑，至少服药初期有这样的效果。[17]在对其他心理健康治疗药物的研究中，类似现象也曾出现过。[18]

　　这意味着，虽然这些药物叫作"抗抑郁药"或"抗精神病药"（antipsychotics），但它们似乎并不能一上来就解决病根，而是靠某些其他机制。这些机制的疗效似乎更好，如改善睡眠、减轻压力或施加安慰剂效应（placebo effect）①。[19]

> 心理健康药物并不能解决根本问题。

（一）心理健康诊断有用吗？

　　心理健康诊断并不涉及任何潜在病因，因此在很多方面都与

---

① 安慰剂效应：又名伪药效应、假药效应、代设剂效应，于 1955 年由毕阙博士提出。指病人虽然获得无效的治疗，但却"预料"或"相信"治疗有效，而让病患症状得到舒缓的现象。——译者注

生理健康诊断有所不同。这说明，心理健康诊断只是认识心理问题的其中一种方式，它可以帮助人们理解自己所经历的痛苦和崩溃。本领域的许多专家都承认这一点，但他们也认为精神健康诊断并非毫无作用。[20] 他们强调，心理健康诊断有助于提高我们更好地研究、治疗和理解心理健康问题的能力。然而，人们往往会夸大心理健康诊断的效果，心理健康诊断其实存在着许多很严重的问题。

第一，尽管有多达 541 种不同的心理健康诊断类别，[21] 但这些诊断类别并不实用。许多与心理健康作斗争的人可能并不符合任何具体诊断类别的条件，而符合某个诊断类别条件的人更有可能满足多种诊断类别的条件，而非一种。[22] 第二，如果人们确实符合某个诊断类别的条件，他们可能会发现不同临床医生给出的诊断也相去甚远，或者会随着时间改变。[23] 第三，对个人的诊断并未提供关于生活质量、治疗需求或长期疗效的可靠信息。[24] 此外，还有许多毫无用处的诊断结果，将在下面讨论。

（二）诊断与相通性

举一个常见的例子，大多数诊断出抑郁症的人，在接受诊断之前都经历过一些痛苦的事情，比如痛失挚爱或失业下岗。[25] 许多接受过心理健康诊断的人在早些年也命途坎坷。[26] 人们的精神状态与生活中的点滴息息相关，但人们把诊断结果定义为"发生在个体内部"的疾病，[27] 也就是说，问题出在人本身，而不是他们所经历的事情。这种诊断方式局限于患者本身和患者异于他人的原因，这就会严重影响确诊患者看待自己以及被看待的方式。练习 0.4 需要你考虑以下两种不同的人以及你如何看待他们。

练习 0.4　假想对话

比尔是一个你经常遇到的同事，你们偶尔会停下脚步随便聊两句。有一天，你在公司碰到他，突然意识到已经有几个星期没有见到他了。你问他近况如何，还提到最近你们没怎么联系。他告诉你，他的妻子三个月前去世了，自那以后他就活在痛苦当中。他还谈到，在失去妻子后，他有多么失落。没有了昔日的陪伴，他悲伤不已，痛苦万分。你接下来要问什么问题？换句话说，这场对话接下来该怎么进行？

琳达是一位朋友的朋友，你在购物途中遇到了她。她告诉你，她失业了，从此生活拮据，无事可做，对未来也十分迷茫。她还说她去看了全科医生，结果医生说她得了抑郁症。你接下来要问什么问题？换句话说，这场对话接下来该怎么进行？

确诊精神健康问题的人常常面临着羞辱和歧视，人们往往会把他们真实的情况夸大其词、添油加醋。他们可能会遭到某些职业的排挤，也会在其他职业里面临更多障碍，并且在人际关系、教育、健康和社会关怀方面处于劣势。[28] 从焦虑症和抑郁症，到

精神分裂症和人格障碍（personality disorder）[①]等一系列诊断结果，都逃不过他人的羞辱和歧视。

当确诊某种心理疾病时，人们不仅备受他人的侮辱，还会将那些负面想法灌输给自己，也就是所谓的自我污名化（self-stigmatization）[②]。这使人们更加否定自己，变得更加孤僻，觉得自己一无是处。[29] 人们若是接受心理健康诊断结果，就会感到自己对生活的控制能力减弱，丧失可以做出改变的信念。[30]

练习 0.4 请你设想了处于相似情况的两个人，但是其中一个有心理诊断结果，另一个则没有。在你的设想里，这两场对话接下来的进展有什么区别？你关注什么？你对他们的哪些方面感兴趣？我们可能会这样假设，对于有医生诊断结果的琳达，你会倾向于将她看作个例，仅思考她本身的问题，也可能会更消极地看待她，甚至觉得她已经不能自理了。而对于没有诊断结果的比尔，你会站在他的角度思考，更多地考虑他的处境以及他与周围人的互动，也会更加同情他。

---

① 人格障碍：指明显偏离正常且根深蒂固的行为方式，具有适应不良的性质，其人格在内容上、质上或整体方面异常，由于这个原因，病人遭受痛苦和／或使他人遭受痛苦，或给个人／社会带来不良影响。——译者注

② 自我污名化：污名化是指一个群体将人性的低劣强加在另一个群体之上并加以维持的动态过程，它是将群体的偏向负面的特征刻板印象化，并由此掩盖其他特征，成为在本质意义上与群体特征对应的指标物。自我污名化则指个体将这种低劣强加在自己身上。——译者注

（三）诊断与健康

近年来，心理健康颇受关注，一年中各种重点针对儿童心理和职场心理健康的活动会持续数周。大多数人都对心理健康诊断有了进一步的认识，而这也意味着他们对精神疾病有了更加深入的了解。但是心理疾病和身体健康不是一回事，身体健康不等于心理健康。

以拉力赛车为例，负责这辆车的机械师专注于如何提高其性能，例如，如何把单圈时间（lap time）[①] 再缩短一秒，如何改善赛车在弯道中的操控性，如何改善制动效果。而你家附近汽修厂的机修工则对故障汽车采取截然不同的方法，他们往往会关注电池、启动装置或交流发电机。两者的工作有类似之处，但又不完全是一回事。机修工修理汽车故障以确保其正常行驶，而机械师调整汽车以使其获得最佳性能，他们的关注点截然不同。对我们来说也是如此，关注精神疾病对于促进心理健康来说，作用十分有限。

> 没有精神疾病不代表心理完全健康。

我们可以换个方式来阐述这个观点，用一条曲线来代表全体

---

① 单圈时间：通常指赛车绕赛道行驶一圈所花费的时间。——译者注

人口（如图 0-2）。大多数人处于曲线中间，即幸福感适中。处于这个区间的人通常生活顺利，但有时会遇到困难，也希望能改善生活的某些方面。处于右侧区间的人，日子过得蒸蒸日上，他们总是感到幸福美满。而处于曲线最左侧黑色区域的人，则有严重的情绪障碍。心理健康诊断只与最左边这些"生病"的人有关。诊断并非为了帮助大多数人恢复健康，而是侧重于了解人们"生病"时的情况，对于思考如何恢复健康益处不大。

人口百分比（％）

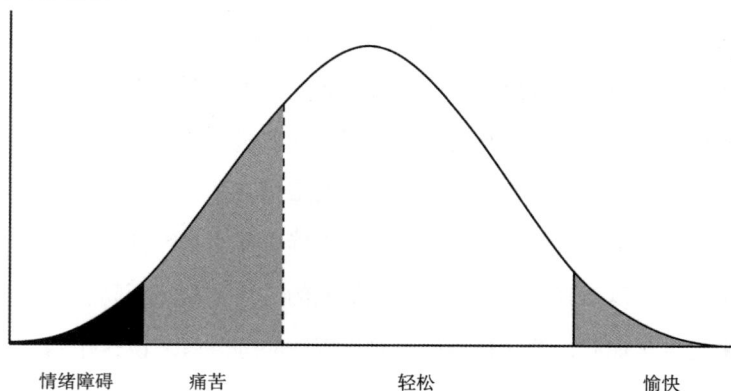

图 0-2　对生活有不同感受的全体人口曲线图

当我们与自己的情绪做斗争时，其实大多数人都心知肚明自己究竟想做出什么改变。我们通常以积极的方式表达这一点，"我想更快乐一点"或者"我想和我的朋友相处得更好"，而心理健康诊断并不能帮助我们向图表右侧移动，它甚至无法让我们避免图表的黑色部分。事实上，如果我们将心理健康诊断当作健康模型，那么在思考什么是心理健康、什么是情绪，以及识别什么是"正常"的人类感受时，我们可能会一头雾水。如果我们不清楚情绪"应当"如何发挥作用，也不了解大多数人体验事物的方式，那么就很难明白问题出在何时、何地，也无法明白我们究竟想做出什么改变。

三、利用情绪科学来促进心理健康

希望这个关于心理健康诊断的讨论能让你有所思考。你可能会惊讶地发现，我们大多数人都认为心理健康诊断与生理健康诊断大同小异，而鲜有专业人士会解释事实并非如此。如果你接受过心理健康诊断，那么我希望你不要读完这一节后就觉得自己的心理很健康。世道艰难，人们的心理问题也愈发显著。问题就在于，心理健康诊断所使用的疾病模型（model of illness）没有科学证据支撑，所以心理健康诊断可能并不是促进心理健康的最佳方法。

这也是本书另辟蹊径的原因。本书的出发点并非病理和诊断结果，而是情绪科学。我们知道，人有七种基本情绪。通常情况下，这些情绪很重要，能对我们的生活有很大帮助，可以保护我们免受伤害，将彼此团结在一起。但如果这些情绪暂时派不上用场，或者当我们遇到情绪障碍时，并不是因为我们"病了"或和常人有什么本质上的不同，而是因为我们处理情绪的方式有问题。这些问题会导致"情绪陷阱"，成为我们通往幸福的绊脚石。心理健康问题并非源于大脑的差异或人与人之间的情绪差异，而在于我们的处理方式不同。改变情绪处理方式可以帮助我们摆正心态，充实精神世界，拥抱幸福生活。

> 心理健康问题不是身心疾病，而是情绪处理方式不当。

本书后续会提到情绪科学的三大功能：理解与接受情绪、忍耐情绪与采取积极的应对措施、摆脱情绪陷阱。如图 0-3 所示，这三部分相互支持、相互关联。本书的七个章节会使用图 0-3 的结构来帮助你处理七种情绪问题。

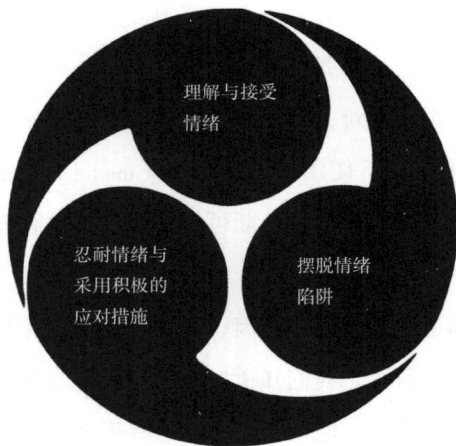

图 0-3　情绪科学及其三种功能

（一）理解与接受情绪

部分情绪障碍可以归咎于人们的误解，即认为情感无益。例如，如果我们相信"情绪即软弱"，那么这个想法就会鼓励我们压抑情绪，尝试不带感情地生活。这将导致我们最终难以容忍情绪，陷入情绪陷阱。心理健康诊断的问题之一就在于，它会让我们把情绪误以为是一种无益的东西，比如说"正常人不会有这种感觉"，或者"如果我觉得难过，那我一定是抑郁了"。如果你试图推开情绪，依赖治疗，或者希望交给别人解决，那你就会碰到情绪障碍，陷入情绪陷阱。

本书后续每章都会重点讨论七种情绪，包括情绪的由来、五种元素的变化，还要了解这些知识的作用等。本书基于情绪科学，能够帮助你整合自己的经历，重新审视自己对情绪的理解。

（二）忍耐情绪与采取积极的应对措施

忍耐情绪与采取积极的应对措施相互关联，其影响将在图 0-4 中说明。中间的灰色框为"忍耐之窗"。在这个窗口里，大脑各部分协同工作，使我们情绪稳定，可以忍耐情绪，采取积极的应对措施。而在这个区域之外，情况就不妙了。当我们过于激动，曲线超出忍耐之窗的顶部时，爬虫类脑就会接管我们的身体。这时，我们的大脑飞速运转，敏锐警惕，但我们也会感到应接不暇，晕头转向。而当我们消沉低落，曲线掉到了"忍耐之窗"下面时，我们的思维就会变得缓慢迟钝，头昏脑涨。[31]

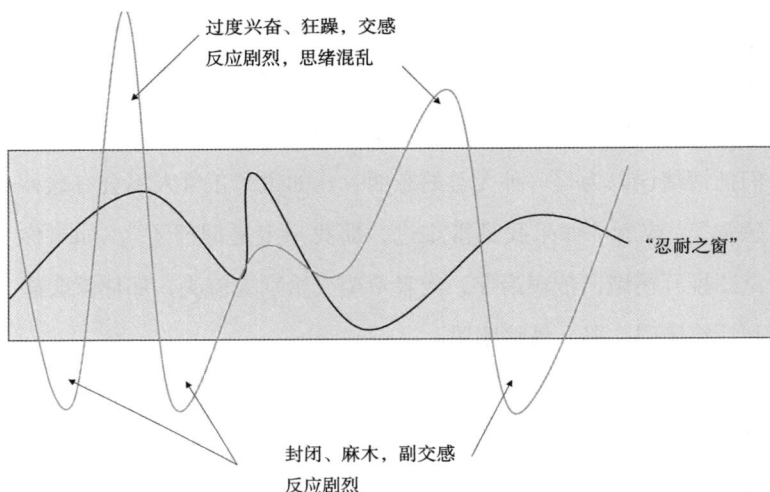

过度兴奋、狂躁，交感
反应剧烈，思绪混乱

"忍耐之窗"

封闭、麻木，副交感
反应剧烈

图 0-4　情绪的"忍耐之窗"

在图 0-4 中，黑线表示对情绪的积极反应。我们在经历了一系列情绪之后，对情绪的反应强度和持续时间就会有所调整，稳定在"忍耐之窗"内。图中的灰线代表对情绪的忍耐和反应问题。极端的情绪体验和相对应的反应会直接穿过"忍耐之窗"，突破其边缘。在这种情况下，情绪会变强烈，具有压倒性，甚至会失控，需要我们警惕。之所以发生这种情况，是因为我们缺乏对情绪的忍耐，不会采取积极的应对措施。[32]

不过，"忍耐之窗"并非固定不变的，而是可以扩展延伸的。如果我们练习忍耐情绪，而不是每次都立即做出反应，那么久而久之，我们的忍耐力就会变强。本书的七个章节会将这些想法应用于七种情绪。采取不同的应对措施将帮助你调整情绪，学会忍耐，并拥有更丰富的情绪体验。这些都有助于改善你的生活，以及与周围人的关系。

（三）摆脱情绪陷阱

最后一步是摆脱情绪陷阱。情绪陷阱指我们对情绪的反应不断循环，从而陷入情绪和无效的反应之中，无法摆脱。情绪陷阱让我们心力交瘁，严重影响了我们正常生活。例如，我们可能会感到极度恐惧，以致不断逃避，不仅生活节奏一团糟，甚至还可能确诊为焦虑症。我们还可能会感到悲伤和畏缩，以致无法正常生活，这也是抑郁的表现。情绪陷阱是对情绪做出反应的模式，这些情绪对我们有百害而无一利。重点在于，产生问题的是我们对情绪的反应模式，而不是情绪本身。本书概述了不同的情绪陷阱，涵盖了常见的情绪和心理健康问题。这些陷阱对应的认知行为疗法（CBT）用于理解常见心理健康问题的许多方式，介绍了如何摆脱情绪陷阱，减少其对生活的负面影响。摆脱陷阱的方法基于常见的认知行为疗法技术，经证明，这些技术适用于各种情况。

> 我们采取不当的措施来应对情绪时，就会出现情绪问题；问题在于我们的反应，而非情绪本身。

四、结论

七种主要情绪可以帮助我们协调身心，对自己的处境做出恰当反应。本书并不会像心理健康诊断那样，把这些与情绪有关的问题定义为精神疾病或大脑疾病，而是定义为对情绪做出反应的问题。下面各章帮助你理解并接受情绪，忍耐情绪并采取积极的应对措施，最后摆脱情绪陷阱，让你的生活更加充实快乐。

第一章
恐惧

CHAPTER 1

　　恐惧来势汹汹，令人紧张难受、心率加快、呼吸急促、肌肉紧绷，会对我们的身体产生严重影响。一般情况下，我们很少会感到极端恐惧，但我们可能会经常感到急切、紧张或是焦虑，而这些感觉通常都能派上用场。在参加重要会议之前，这些情绪会督促我们做好准备，提前想想可能会被问到什么问题，并确保我们可以按时到场。在会议上，恐惧还可以帮助我们集中注意力，让我们发挥得更好。恐惧也能够让我们避免受伤。恐惧和兴奋之间也有着密切的关系。这两种情绪紧密联系在一起，可以带来强烈的愉悦体验，比如欢欣和喜悦。

　　而其他时候，恐惧可能就是一个严重的问题了。例如，对日常事物感到害怕，总是充满恐惧，或者常常喘不过气且难以恢复，这些糟糕的感受都可能会导致重大问题。也正是在这些时候，人们给恐惧起了另一个名字——焦虑。很多人都会被诊断出焦虑症。

　　本章首先从了解恐惧本身讲起，再谈谈引起恐惧的原因，之后分析如何学会恐惧，以及我们在受到惊吓时，大脑和身体会发生什么变化。接着，本章会探讨恐惧对于保护我们的安全有多么重要，以及兴奋和欢愉之间的密切关系。除此之外，本章还会教我们应该如何接受恐惧并采取恰当的应对手段，介绍一些在感到恐惧时可以派上用场的实用技巧。

本章后续还会讨论恐惧陷阱，具体说明当我们过度害怕，或者对不应该害怕的事物也感到害怕时，会发生什么。本章介绍了各种焦虑症，包括恐慌症（panic disorder）、强迫症（obsessive-compulsive disorder）、特定对象畏惧症（specific phobias）（如害怕某种动物或其他生物，恐惧自然环境，畏惧飞行，不敢看牙医，还有针对人体的恐惧症，如晕血等），以及广泛性焦虑障碍（generalized anxiety disorder）、社交恐惧症（social anxiety disorder）和创伤后应激障碍（post-traumatic stress disorder）[①]。之后还举例说明恐惧陷阱如何导致以上不同的焦虑症，以及我们该如何摆脱恐惧陷阱。

一、理解与接受恐惧

和所有的情绪一样，恐惧会帮助我们及时对周围发生的事情做出反应。了解产生恐惧的原因，恐惧对情绪五元素的影响，以及恐惧的功能，可以帮助我们接受恐惧、这也有助于我们明白该如何容忍恐惧、应对恐惧，找到办法来解决可能遇到的困难。本章第一个练习（练习 1.1）将帮助你找出究竟是什么让你恐惧。

---

① 焦虑症，又称焦虑性神经症，主要以焦虑情绪体验为主要特征；既可以有明确客观对象，也可以无明确客观对象。文中列举的几种具体焦虑症主要依据的是临床症状与病程等，具体由专科医生诊断。——译者注

练习 1.1　是什么让你恐惧?

列举五件最让你恐惧的事。这些事可以让你在实践时感到害怕,或是让你穷极一生都想要避免。

① _____

② _____

③ _____

④ _____

⑤ _____

想想自己小时候,身边的成年人都在害怕什么?

看看你列举的五件最让你恐惧的事。这些事是否真的值得你这么害怕? 它们真如你想象的那样危险吗?

(一)是什么导致了恐惧?

对于我们的祖先来说,恐惧最主要的来源是捕食者和袭击。如今,我们的生存仍然面临各种危险,许多人害怕恐怖袭击、战争和死亡等。而现代生活信息获取方便,则产生了更多其他的潜在恐惧,比如经济紧张、碌碌无为、缺乏亲密关系,以及对未来感到迷茫。还有一些常见的恐惧,比如害怕蜘蛛、蛇、小丑,或是恐高等。[1] 有时我们也会发现自己对一些很日常的事物感到害怕,比如做决定、接电话或出趟门。似乎万物皆可恐惧。

1. 本能恐惧

大多数恐惧的来源可以分为四大类[2]。

（1）人际交往

我们会害怕受到批评、遭到拒绝、遇到社交冲突、需要作出判断、与人互动，以及性行为或其他侵犯行为。

（2）死亡、受伤、疾病、流血与外科手术

我们会害怕身体和精神疾病，包括疾病、污染、疯狂、失控、昏厥和性机能不全。

（3）动物

我们会害怕一些恐怖的爬虫、蛇、狗和其他动物。

（4）恐旷症（agoraphobic）[①]

我们会害怕逛商店，身处人群中或公共场所，乘公交、火车或飞机旅行，进入电梯和隧道等封闭空间，或者过桥，甚至会连走出家门都感到害怕。

再回头看看你在练习 1.1 中写的五件害怕的事，是否可以把它们归入这四类？有没有不符合的？一般来说，大约 90% 的恐惧都可以划分到这四类里面。这表明，从生物学角度来说，人类更倾向于害怕某些特定的事物。在人类进化史中，害怕特定的事物有助于我们生存。

---

① 恐旷症，又称广场恐惧症，指对公开或公共场合不正常的恐惧。——译者注

2. 习得性恐惧

不过，我们也不是天生就什么都害怕，学习和经验也会成为恐惧的来源之一。

在导致我们生出新的恐惧方面，痛苦经历是最好的老师之一。回忆一下你上一次受伤的情况，然后再想想自己之后因为类似的原因又受伤时，你有什么感受。一个常见的例子是学骑自行车。从自行车上摔下来会让你很痛，所以我们只要从自行车上摔下来一次，就会把骑自行车和疼痛联系起来，这就导致我们骑车时心里会害怕。

害怕以前的痛苦经历是我们从经验中吸取教训的一种情况，但并不是所有情况都能导致恐惧。野生猴子会害怕蛇，但圈养的猴子不会。不过，圈养的猴子看到野生猴子害怕蛇时，它们也学会了与蛇保持距离。这种恐惧甚至能持续几个月。[3] 蹒跚学步的孩子看到妈妈对玩具蛇表现出害怕后，也会同样害怕蛇。[4] 因此，我们不仅可以通过吸取自己的教训来生出恐惧，还会害怕周围人害怕的事物。

在练习 1.1 中，你是否写下了自己在小时候从周围人那里看到的恐惧？你的家人是否有同样的恐惧？

3. 恐惧的准确性

每个人都有自己害怕的事物。我们或是通过自己的经历，或是观察他人，最后都变得害怕这些事物。我们似乎比其他生物更害怕某些事物，这与进化和生存息息相关。

重要的是，我们的恐惧可能并不总是恰如其分。回忆练习1.1，着重想想自己是否有必要害怕到这种程度。在你的清单上，至少有一种恐惧过于夸张。大多数人害怕的事物并没有想象中那么危险，许多人会因为一些杯弓蛇影的小事而难以正常生活。[5]事实上，如果从生存的角度考虑恐惧的重要性，我们最好还是要"谨慎行事"。不过，尽管躲过劫难对我们来说很重要，但是风声鹤唳、草木皆兵只会浪费精力。

> **我们可能会夸大危险。**

大多数时候，我们知道自己在害怕什么。但是，我们会发现自己经常莫名其妙地感到害怕或紧张。这种情况发生时，我们恐惧的对象往往更加抽象，比如失控或不确定。我们在后面的"担忧"部分会继续讨论这一点。

（二）我们害怕时，会发生什么事？

练习1.2可以帮助我们思考，人们在感到害怕时会发生什么。本书的引言部分提到了情绪五元素。恐惧与其他情绪一样，也和这五个元素的变化有关。接下来，我们详细讨论一下情绪五元素。

练习 1.2　害怕的感觉

　　想想你最近一次感到害怕的时候。强烈的恐惧往往比轻微的恐惧更容易让你记起。

　　你会如何描述这次感受？

　　你当时对什么东西感触最深？

　　让你感到害怕的是什么东西？

　　你当时的反应是什么？你做了什么？

　　后来发生了什么？

1. 感觉

　　我们会感到不同程度的恐惧。如果恐惧的程度较低，我们会担忧、忧虑或紧张；随着恐惧感越来越强，我们就会越发担惊受怕；而当恐惧达到顶点时，我们会惊慌失措，六神无主。大多数人并不会动不动就感到害怕，然而一旦感到害怕，就会感到身体在"充能"，有点儿像"冷"的感觉。[6]

　　有时人们会用"焦虑""紧张""担忧"等词语来形容害怕。其实这三个词语描述的情况与恐惧略有不同，之后我将单独介绍。

2. 身体反应

　　恐惧会激活交感神经系统，抑制副交感神经系统，对身体产生严重影响。

当交感神经系统被激活时，我们会心率增加、呼吸加深、肌肉紧张。我们在害怕时，往往能清晰地感受到这些身体上的反应。不仅如此，我们的身体还有其他重要的变化。我们的感官会变得敏锐，瞳孔会扩大，让更多光线进入，听力和触觉也会变得更加灵敏。因此，如果在吵闹的地方感到害怕，我们就会感觉周围更加喧嚣。交感神经系统也会对我们的注意力产生巨大影响，让我们的注意力更加集中。这就是为什么我们在害怕时很难专注于其他事情。

> 恐惧会加快心率和呼吸，让我们绷紧肌肉，将注意力集中在危险上。

与激活交感神经系统相反，恐惧会抑制副交感神经系统。这意味着消化系统运转减慢，进一步导致口干舌燥、心慌意乱。在极端情况下，我们会因为生病或者内急而不想吃饭。这就是"如厕"（bricking it）一词的来源，意思是我们要先上茅房，再进厨房！副交感神经系统还控制着免疫力和性欲。因此，长期抑制副交感神经系统（见"压力"部分内容）会导致免疫功能下降（导致细菌感染）与性欲下降。

这些反应往往来得又快又猛，也就是人们常说的"肾上腺素①激增"或"肾上腺素重击"。好在肾上腺素来得快，去得也快。如果肾上腺素长时间维持在一个很高的水平，我们就会感到不适。

3. 面部表情

别人从面部表情就能看出我们的恐惧。当感到恐惧时，我们的面部肌肉会紧张，会瞪大眼睛，这样就可以让更多光线进入；我们还会张大嘴巴，这么做有时是因为我们在尖叫、大喊，有时是因为这样可以帮助我们呼吸，这样甚至能提升听觉。在轻微恐惧的情况下，我们通常看起来像是在思考。

这些面部表情与之前提到的身体变化有关。除此之外，面部表情还可以向周围人传达"我感到害怕"这一信息。

4. 思维

我们在害怕的时候，或者说情急之下，往往会意气用事，不像平时那样有条不紊，三思而后行。这种感觉就像是大脑在加速运转，思维螺旋式上升，各种想法一下子全都蹦出来。例如，"我得赶紧走""救命"，或者是大脑飞速旋转，试图找出应对危险的最佳措施。

---

① 肾上腺素，人体分泌的一种激素，能让人呼吸加快、心跳与血液流动加速、瞳孔放大，为身体活动提供更多能量，使反应更加快速。肾上腺素是一种激素和神经传送体，由肾上腺释放。——译者注

我们的注意力和思维都集中在感知到的危险上，很难再关心其他事情，所以我们很难冷静下来，直至深思熟虑之后再做决策。有时候，这种状态会导致我们的思维陷入闭塞，不仅会做出不合理的决定，还会让人烦躁不安。这部分在后面的"担忧"部分会介绍。

在强烈的恐惧下，我们几乎不可能保持头脑清醒。

5. 行为

我们受到惊吓时会一惊一乍，产生快速的肢体反应，比如逃跑。如果我们强压住这种冲动，就会感到非常焦躁不安。另一个常见反应可以比喻为"车灯照兔子"。在晚上，如果车头灯突然照在兔子身上，兔子就会停下来，一动不动。

（三）恐惧与大脑

本书引言部分介绍了大脑由爬虫类脑、哺乳类脑和理性脑三部分组成。恐惧的作用是保护我们免受伤害。因此，恐惧是一种由爬虫类脑驱动的快速且本能的原始冲动。

恐惧激活爬虫类脑。

理解这一点很重要，因为一旦明白了恐惧和大脑的关系，各种恐惧悖论也就不攻自破了。例如，世界上许多人都害怕蜘蛛，尽管大家都知道平时遇到的大部分蜘蛛其实没有任何危险，但我们还是会害怕。这是因为当我们冷静时，理性脑就会上线，我们可以思路清晰地考量危险和风险；但当我们恐惧时，爬虫类脑就会控制我们。爬虫类脑无法进行理性思考，所以我们会认为所有蜘蛛都对我们的生命构成威胁。这就是引言中提到的"失神"状态。

（四）恐惧的作用是什么？

想象一下，你好端端地走在路上，突然看到一只老虎窜了出来，这时候为了不让自己落入虎口，你肯定会想办法溜之大吉。你会仔细观察老虎的具体位置，然后赶紧找出最佳逃生路线，能跑多快就跑多快。此时，你的呼吸会加重，以便吸入更多氧气；心率也会加快，让吸入的氧气更快输送到全身的肌肉，然后肌肉从得到的氧气中获取能量，紧绷起来，让你快速逃跑；你会睁大眼睛、竖起耳朵、张开嘴巴，这样就可以提升视力和听力、吸入更多空气；你的注意力全放在老虎的位置和自己的逃生路线上，根本不会注意到旁边那辆平时总能吸引你的豪车；你还会停止消化，甚至会反胃，恶心干呕，任何流向免疫系统和生殖系统的能量都会提供给其他肌肉组织，因为逃命才是当下最重要的任务。

由此可见，我们在害怕时，会产生"逃跑"反应，身上的各种变化都与恐惧直接相关。我们身体的各个部位为跑步做好准备，注意力集中在危险上，就连感官也变得更加敏锐。但是其他身体机能会暂时停止，甚至让我们觉得不适，所以我们才能躲避危险，增加生存概率。有的时候，我们可能还会直接吓得愣在原地。其实这也有所帮助，因为许多捕食者会更容易察觉到运动中的猎物，所以保持一动不动能降低我们被发现的可能性。

渡渡鸟的例子就说明了恐惧对生存的重要性。渡渡鸟生活在毛里求斯[①]。这种鸟在进化的大部分时间里都生活在岛屿上，那里没有他们的天敌，因此它们不会害怕其他生物。到了 17 世纪，他国航海员登陆毛里求斯，渡渡鸟一下子就成为他们的猎物。在此之前，由于缺乏天敌，渡渡鸟肆无忌惮地在地面上筑巢，所以渡渡鸟蛋也触手可及。航海员带来的其他动物，例如猫，都以渡渡鸟蛋为食。最后没过多久，渡渡鸟就灭绝了。在一个名为"SM"的人的案例中，我们也可以发现恐惧对人类的重要性。SM 的脑部受伤，导致她无法感知到恐惧。SM 住在一个危险的社区，她曾被刀和枪威胁，几乎在家暴事件中丧生，她还遇到许多危险事件，但她都不会感到恐惧，她往往并不知道自己已经处于危险之中，所以也不会有意识地规避这些危险。[7]

> 恐惧保护我们免受危险事件的伤害，帮助我们躲避潜在危险。

---

① 毛里求斯共和国，简称毛里求斯，非洲东部的一个岛国。国土由毛里求斯岛和其他小群岛组成。毛里求斯曾是世上唯一有渡渡鸟的地方。渡渡鸟已于 17 世纪末灭绝。——译者注

（五）恐惧与焦虑之间的区别是什么？

关于"恐惧"和"焦虑"这两个术语有很多容易混淆的地方，因此有人对两者进行了区分。例如，恐惧可以描述为针对直接危险的情绪反应，它会让我们转身逃跑；而焦虑是对预期中潜在危险的情绪反应，通常会让我们回避。[8] 有的学者将焦虑描述成"未表达的恐惧"，即逃跑的冲动没有付诸实践。[9] 而另一些人则认为，焦虑是一种比恐惧更复杂的情绪，其中还包含着其他情绪，例如羞耻或内疚。[10]

这样一来，情况就变得更加复杂。目前，"焦虑"和"担忧"这两个词在心理健康诊断中十分常见。这些术语会让人以为"焦虑"是一种疾病的症状，是一种我们可以"患上"，也可以"摆脱"或"治愈"的病症。但是本书的引言已经强调了，目前没有任何证据表明确诊"焦虑症"的人与其他人群之间存在根本性差异。

本书认为，想要找出恐惧和焦虑之间的差别并没有什么意义，我们只需要牢记，恐惧是一种基本情绪。恐惧有不同的强度，可以与现有危险相关，也可以与潜在危险相关，但其是一种基本情绪这一定位保持不变。那么，所谓的焦虑就只是一种持续的低强度恐惧，而且很可能伴随着其他情绪。本书将避免使用"焦虑"和"担忧"这两个词，以防混淆。

> 最好将焦虑理解为低强度恐惧。

（六）恐惧与担忧

担忧是一个循环往复的过程，与我们脑海中挥之不去的想法和画面有关。人们有时会把担忧误认为是一种感觉，比如我们会说"你很晚才回来，我很担忧"；有时我们还会把它看作是恐惧中无法控制的一部分，比如"我太紧张了，一整晚都在担忧"。实际上，尽管担忧看起来是恐惧的一部分，但我们最好将其理解为一种行为。下面我们来探究一下担忧的原理。

首先，恐惧激活了爬虫类脑，将我们的注意力集中在眼前的危险上，帮助我们应对危险，保护自己。如果危险迫在眉睫，比如一辆汽车正向我们飞驰而来，或者一只老虎正在靠近我们，那么这一系列反应就会派上大用场。但问题在于，人类既拥有爬虫类脑，也拥有理性脑，所以我们拥有抽象思维，可以思考未发生的危险，然后提前做好准备。每当这时，我们的理性脑就会去感知潜在危险，这种危险通常以"如果"的形式出现，比如我们有时候会想"如果我迟到了怎么办？""如果我的孩子生病了怎么办？""如果我让他们失望了怎么办？"，或者"如果我犯了错怎么办？"。

理性脑感知到潜在危险后，就会激活爬虫类脑。爬虫类脑会表现得像危险已经降临了一样，让我们感到害怕，我们的身体就会准备就绪，将注意力集中在危险上。现在，我们感觉遇到了危险，有必要采取措施。但问题是，危险此时还没有真的来临。因此，我们会思考可能发生的事情，使劲琢磨该如何应对、接下来事态又会如何发展。但这一切都没有真的发生，我们感觉到的危险只是一种存在于未来的潜在危险。也就是说，如果我们莫名其妙地收到某人不太友善的来信，我们就会随之联想到与他大吵一架，心里会不由得非常紧张。或者，如果我们开会快迟到了，就会联想到被炒鱿鱼。我们不能用理性脑来解决尚未发生的问题，但由于存在潜在危险，爬虫类脑已经被激活，我们不得不全神贯注，觉得自己得做点什么。最后，我们会在不断的忧虑中，不断臆想更多危险，让自己更加害怕、更加担忧。

> 担忧是一种重复性思维，由恐惧引起，也能引起恐惧。

担忧对大多数人来说可控，但在特定情况下，担忧会出现螺旋式上升。一旦担忧开始严重干扰生活，我们就会陷入恐惧陷阱。本章后续会讨论这一点，其中有一部分会重点讲述如何将恐惧陷阱的理论应用于缓解担忧的实践。

（七）恐惧与压力

压力常用于描述恐惧时的感觉。提到"压力"，你会想到什么？你可能会想到肌肉紧张或胃部疼痛等生理不适。其实，这些感受正和由恐惧引起的身体反应密切相关。

压力是一种持续性低程度恐惧，其诱因包括许多会使我们感到恐惧的持续性危险，以及前文提到的情绪五元素的各种变化。我们有压力时，所谓的危险可能是来自工作或其他人（如家人）

的重复需求，也可能来自搬家、离婚、生病或受伤等环境变化。任何一种持续存在的高强度危险都会让我们倍感压力。

恐惧会让我们迅速采取行动，帮助我们在紧急情况下自保。但如果我们一直感到恐惧，那么原本有效的身体反应就会开始起反作用。

肌肉长时间紧张会导致疼痛。

免疫系统受到抑制会导致疾病缠身。

消化系统受到抑制会导致恶心、腹泻、便秘或情绪不安。

性欲受到抑制会导致性欲下降，引发潜在的两性关系问题。

只顾着眼前的危险会导致注意力无法集中在真正需要关注的事情上，难以顾全大局。

一贯逃避会导致我们在真正需要直面危险时反而手足无措。

高度唤醒（high arousal）[1]会导致精疲力竭。

草木皆兵的状态会导致压力感。我们会慌慌张张，顾前不顾后，思维和计划一片混乱，最后让自己不堪重负。这时候，我们就会疑神疑鬼。但如果我们能够冷静冷静，坐下来好好想想，或许就能用更合乎逻辑的方式解决问题。压力也可能是陷入恐惧陷阱的结果。

> 压力由长期较低程度的恐惧引起。

---

[1] 高度唤醒，人类心理上不同的感受阈值。当外部刺激超过感受阈值时，就会产生高度唤醒。——译者注

（八）恐惧还是兴奋？

恐惧和兴奋颇具相似之处，但在很多方面也迥然不同。请阅读练习 1.3，探讨一下自己的经历。

练习 1.3　兴奋的感觉

想想你最近一次感到兴奋的时候是什么感觉。回忆一些特别的事情往往能让你想起来，比如坐过山车。

你会如何描述这次感受？

你当时对什么东西感触最深？

让你感到兴奋的东西是什么？

你当时的反应是什么？你做了什么？

你有没有感到过害怕而不是兴奋的时候？你从何而知？

你之后的感觉如何？

恐惧令人不适，可以说是最可怕的负面情绪了。而兴奋令人愉快，我们会不遗余力地想要寻求兴奋。这两种情绪都由新奇和未知引起，也都与身心状态的频繁波动有关。两者的差异可以在词义解释中找到。恐惧强调的是我们对凶兆的感知与避免受到伤害的意愿；而兴奋则强调我们对某种可能性的感知以及将其转化为现实的欲望。根据词义解释可以发现，恐惧与兴奋的差异导致我们的行为差异：兴奋让人如饥似渴，而恐惧让人避之不及。

兴奋与恐惧也颇具相似性，这意味着我们经常会在二者之间摇摆不定。你可能已经在练习 1.3 中感受到了这一点。排在队伍的后边，等待坐上过山车可能会令你兴奋。但是随着排队的时间变长，离入口越近，你就越会感到害怕，甚至想要临阵逃脱。等你真的坐在过山车上，一会儿向上爬升，一会儿向下俯冲，又可能会在恐惧和兴奋之间来回切换。

在我们的日常生活中，恐惧和兴奋之间的紧密联系扮演着重要的角色。显然，为了眼下的安全，我们最好避免所有的潜在危险。但是一直待在家里也不妥当，因为长此以往，会降低我们的幸福感。因此，我们必须学会在兴奋和恐惧之间找到平衡点，只有保持适当的恐惧才能既安然度日，又刻意探索新事物。[11] 孩子们坐过山车经历爬升、加速或颠簸时，就说明了这一点。他们时而恐惧、时而兴奋，凭借俯冲、升高、加速或减速来调整恐惧的程度，达到一种平衡。[12]

了解完兴奋和恐惧，请你再回头看看练习 1.3，回忆一下当时的感觉。如果我们不畏艰险、克服困难、取得成功，常常会有一种强烈的感觉油然而生。这是一种强烈的满足感，我们将其称为欢欣，也可以叫作自豪感。这种感觉部分来自摆脱恐惧后的自由感，部分来自大功告成之后的成就感。孩子们在成功完成了一件既危险又有挑战性的事情后，经常会上蹿下跳、大呼小叫、开怀大笑。关于这种幸福感，我将在第七章详细介绍。

如果我们先前经历过一件让自己很开心的事情，那我们下次再碰到这样的事的时候就会更加愿意去做。但如果某件事让我们觉得很痛苦，那么下次再碰到时，我们就会感到害怕，想要退避三舍。

> 恐惧和兴奋都是对新情况的反应，
>
> 恐惧是对危险的感知，兴奋是对可能性的感知。

二、害怕时要忍耐恐惧并采取有效措施

恐惧产生于爬虫类脑，令人不悦，甚至会让人丧失理智。恐惧也会对身体产生深刻影响，让人讨厌。所以我们在感到害怕时，往往会试图克服恐惧，或者至少缓解恐惧。最简单的方法就是直接摆脱让我们害怕的一切事物，这也是恐惧的作用，即促使我们远离危险，保护自己。

但我们不能总是以这种方式来面对恐惧。有时我们不得不做一些让自己害怕的事情，比如坐过山车、参加考试、工作面试、演讲、参加派对、约会甚至度假。虽然许多新的经历会让我们感到害怕、担忧或紧张，但是如果我们总是逃避，那么我们的生活就不会像自己想要的那样有趣、充实。我们需要找到有效的方法来忍耐恐惧、应对恐惧。

下面几页的内容会探讨我们应对恐惧的不同方法。我们并不是要克服恐惧，而是要适应恐惧，更好地忍耐恐惧。刻意这么做可以帮助你在感到害怕时冷静地思考自己到底该怎么做。回顾本

章开头的练习 1.1 有助于理解这一点。

（一）逃离与逃避

我们害怕凶残的老虎，所以一看到它就会逃跑，绕开它经常出没的地方，这么做有助于降低我们对老虎的恐惧程度。在这种情况下，恐惧的重要功能是保护我们避免受到危险的老虎带来的伤害。

这是应对恐惧的上上策。我们越接近恐惧的来源，就越会感到害怕，而当我们和恐惧的来源保持一定的距离时，就没有那么害怕了。为了确保我们不会害怕老虎或是坐过山车，最简单的方法就是干脆不要靠近它们，或者说完全避开它们。如果我们发现自己正在靠近它们，那就立即转身离开。

这些反应可以叫作"逃离"，即逃离已经碰到的危险；也可以叫作"逃避"，即从一开始就不靠近潜在危险。两者都是对恐惧的常见反应，并且可以迅速降低恐惧感，我们会感到如释重负。然而，我们如果一味逃离与逃避，也会导致严重的问题，在"恐惧陷阱"这部分内容中会详细介绍。

恐惧还有一些行为上的反应，不过没有一味逃离与逃避那么极端。这些反应通常会改变我们对特定情况的定位，将其从可怕的事情变成更易于掌控的事情。比如，坐不那么刺激的过山车、在工作或学校演讲中与他人合作，或者戴上耳机坐公交车，沉浸在自己的音乐世界里，这些措施都可以帮助我们平衡恐惧感，或许还能给我们带来一丝兴奋。我们稍后会继续讨论这一点。

（二）肢体反应

逃离与逃避是应对恐惧的好办法，但并不总是最好的选择，有时候我们仍然需要直面恐惧。

如果我们不得不直面恐惧，那我们就需要采取其他措施。我们可以在害怕时改变肢体反应，这样就能调整恐惧度。请记住，交感神经系统由爬虫类脑控制，超出我们的意识控制范围，对我们的身体有深刻影响。但是，我们可以掌控交感神经系统的三个方面：呼吸、肌肉张力与关注点。从这三个方面入手，我们也可以缓解恐惧。

> 对恐惧的有效应对措施包括调整呼吸、肌肉张力和关注点。

1. 呼吸

我们感到恐惧时，交感神经系统会让呼吸加快、加深，以便我们吸入更多氧气。这时候，我们可以轻轻地放慢呼吸，抵消这个过程，进而影响身体的其他部位，比如用放慢呼吸来降低心率、放松肌肉并集中注意力。几个世纪以前，人们就已经学会了有意识地控制呼吸，这种方法后来还成为冥想和瑜伽的核心。相比吸气，呼气尤其能让人冷静下来。因此，深深地呼气是减轻恐惧的有效方法。

2. 肌肉张力

我们在感到害怕、准备逃跑时，会下意识地绷紧浑身的肌肉，所以有意识地放松肌肉也可以减轻恐惧。我们可以将这个方法与放慢呼吸结合起来，一边呼气，一边放松肌肉。当然，姿势也很重要，因为调整姿势也可以释放潜意识中的紧张感。因此，平静放松地坐着对缓解恐惧很有帮助。你也可以活动活动肩膀，想象自己躺在椅子或地板上。

3. 关注点

我们在害怕时，关注点会只放在眼下的危险上。如果我们慢慢地将注意力从危险转移到其他事情上，尤其是周围环境和眼下正在发生的事情上，也可以降低我们的恐惧度。将关注点集中在当下的练习叫作"正念"（mindfulness）[1]。正念是一种技能，它并不是要我们尝试远离思考或忽视情感，而是为了引导我们集中注意力、全神贯注，让我们避免走神。我们在练习正念时，可以把自己的身体和呼吸作为关注对象，也可以将注意力集中在外部，关注周围环境或眼下发生的事情。正念可以影响我们的身体，从而改善我们对恐惧的反应能力，其效果显著。有很多方法都可以

———————————

① 正念，起源于禅修，指有目的、有意识地关注当下的一切，但是又对当下的一切不做任何判断和分析。现已发展成为一种系统的心理疗法，即正念疗法。——译者注

教我们练习正念，你能在一些相关的书籍、手机软件、线上视频和课程中学到。练习 1.4 会教给你一个转移注意力的方法。

练习 1.4 正念与专注力训练

正念练习可以培养我们的专注力。我们可以通过感官分辨周围各种事物，并将注意力集中于此。这个正念练习可以随时随地完成。很多"日常任务"，比如洗碗、熨衣服、吃饭、散步或洗澡等，都是不错的练习机会。

选择你可以看到的五样东西

一次只注意一样东西，仔细观察。这个东西可以是一个物体，可以是光照在物体上的阴影，也可以是物体的移动方式或上面的图案。

选择你可以感受到的四种感觉

把注意力集中在你能感受到的四种感觉上。它们可以是地板或椅子支撑你的感觉，可以是皮肤周围空气流动的感觉，可以是阳光洒在身上的感觉，也可以是温暖或寒冷的感觉，还可以是举起或拾起某样东西的感觉。请挑出四个。

选择你可以听到的三种声音

注意你周围的声音，远近皆可，汽车声、鸟鸣、电子产品声响、音乐或是他人的说话声，请挑出三个。

选择你可以闻到的两种味道

轻轻地深呼吸，仔细感受那个味道。它可以是香味，也可以是臭味。

> 选择你可以品尝的一种食物
>
> 留意嘴里的每一种味道，仔细品味，也可以尝点儿别的东西换个口味，感受味道的变化。

现在再回头看"过山车"这个话题。假设我们现在决定去坐过山车，随着恐惧的程度越来越深，我们会感觉到呼吸越来越重，越来越快，肌肉也紧紧绷住，眼睛紧紧盯着最陡的坡道看，想象从那里滑下去是什么感觉。

此时，你有两种选择。一种是放弃排队，走出队伍，这样可以立马从恐惧中解脱出来，不用再担惊受怕了。这就是所谓的逃离。另一种是使用正念技巧来减轻恐惧。我们可以专注于自己的呼吸，屏气敛息，放慢节奏。与此同时，我们还需要想办法放松肌肉，尤其是肩膀。这些方法并不能完全消除恐惧感，但起码能有所缓解，让我们有勇气继续排队。我们也可以慢慢地转移注意力，忽略过山车最恐怖的下坠部分，减少恐惧感。同时，多看看从过山车上下来的人有多开心，增加兴奋感。

（三）冷静与理性

有时候，我们会不由自主地想要逃离与逃避，因为这些反应由爬虫类脑驱动，是恐惧带来的本能反应。而我们要做自己身体的主人，让自己冷静下来，不逃离、不逃避是勇敢面对恐惧的重要一步。这需要我们有意识地来进行，用理性脑来"推翻"爬虫类脑的本能反应。

爬虫类脑冷静下来后，我们就可以更好地使用理性脑来分析情况。理解导致恐惧的原因，是帮助我们对情绪做出反应的最重要一步，明白我们为什么会感到害怕。当我们害怕时，尤其是在现代生活中，我们可能会想，"事情太复杂了"，"太忙了"或"我没辙了"。这时候，我们就非常有必要弄明白自己究竟在害怕什么。我们可能有很多事要应付，但究竟哪一件才是真的燃眉之急？我们可能觉得自己无法应付，但我们究竟在畏惧什么呢？其实我们只要用理性脑想清楚自己的恐惧是什么，就可以让自己抽薪止沸，应对我们害怕的情况。有时候，我们会发现其实是自己多虑了，如此这般，我们便可以调整思路了。有的时候，我们还可以对症下药，有目的地应对恐惧，从而更好地控制情绪，不再那么害怕。比如，参加工作面试需要做什么准备，或者在和别人见面前，先了解一下对方的情况。很多时候，我们可能无法采取实际的措施，但心里清楚我们会因为某件事而恐惧，这反而可以增强我们对此事的控制能力。

我们必须牢记在心，做任何事情都要有条不紊。只要爬虫类脑还掌控着我们的行动，那么我们就无法指望理性脑来解决问题，这和想要通过几句话就能让鳄鱼冷静下来一样不可能。我们需要足够冷静，让理性脑正常运转。

兴奋和恐惧之间有很多相似之处，我们可以化恐惧为兴奋。如果我们只关注可能出错的事情和可能经历的痛苦，那我们就会感到害怕。但要是能够将注意力转移到可能成功的事情以及可能获得的好处上，我们就更有可能会感到兴奋。

只要恐惧没有完全占据我们的大脑，我们就可以将其转变为兴奋。我们要在主观上把自己的情绪定位为兴奋，鼓励自己去感受兴奋，或将新情况视为挑战和潜在机会，而不是危险，这些方法都可以让我们更能感受到兴奋，而非恐惧。有趣的是，无论我们想选择哪一种方法来转变这两种情绪，背后的逻辑都大同小异[13]。

（四）帮助他人克服恐惧

别人害怕时，我们也应该帮助他们克服恐惧，刚刚说到的办法也都能派上用场。最重要的是，我们要先处理情绪，再解决问题。如果我们一上来就想着解决问题，最后可能会演变成和别人争吵，导致大家最终被爬虫类脑支配。这不仅对解决问题无济于事，甚至还会使情况恶化。

我们的首要任务是帮助他们冷静下来，让他们不要紧张，做自己身心的主人，放缓呼吸，放松肌肉，集中注意力。如果对方是孩子，我们可以与他们进行肢体接触，比如抱起一个瑟瑟发抖的孩子。拥抱可以给孩子带来安全感，帮助他们平静下来。肢体接触对成年人也有帮助，例如拥抱、搭肩，或者握住他们的手。但请记住，要掌控好分寸，因为人们在害怕时的感官反应会增强，拥抱在这种情况下可能反而会让人不知所措！如果没有肢体接触，我们也可以摆一个更舒适放松的姿势，坐下来轻声细语地和别人好好谈谈，以帮助他们缓解紧张。

一旦对方冷静下来，他们的理性脑就会更加积极地参与思考，这时候我们就可以和他们分析问题，搞清楚他们究竟在害怕什么，最终找到解决问题的办法。

三、恐惧陷阱：恐惧（"焦虑症"）引起的问题

引言中提到，心理健康或情绪问题应当理解为情绪处理障碍。我在这一部分中首先会讨论我们在应对恐惧时可能遇到的各种困难，例如人们可能会被诊断出的各种焦虑症，包括特定对象畏惧症、惧旷症、恐慌症、社交焦虑症（或社交恐惧症）、广泛性焦虑症、疾病焦虑症（或健康焦虑症）、强迫症和创伤后应激障碍，然后通过举例，简述如何将心理健康或情绪问题理解为情绪处理障碍。如果你在阅读过程中，发现所举例子与自己的经历不同，那就请继续往后阅读，因为这个理论适用于不同类型的恐惧，后面很可能会有一些更接近你的情况的例子。

应对恐惧可以采取逃离与逃避这两种行动。这两种行动可以保护我们免受危险和潜在威胁的侵害。但问题在于，我们的现代生活中，各种潜在威胁无处不在，让我们防不胜防，例如飞机失事、交通事故、歹徒袭击，还有各种天灾人祸。

这意味着，人类几乎可以害怕所有事情。如果我们处理不好自己的恐惧，就会发现自己前怕狼后怕虎，一直都在提心吊胆地

过日子。由于爬虫类脑的工作原理，这样的生活模式就会成为一个严重的问题。举例如下。

杰克曾经遇到过一次电梯故障。他困在电梯里将近一个小时后，工程师才来救援。出了故障的电梯里又闷热又吓人，杰克一个人在里面害怕极了。之后进电梯的时候，杰克心里总是七上八下，胃里也翻江倒海，往往会赶忙转身离开，选择爬楼梯。他告诉自己，爬楼梯虽然累了点，但好歹没有生命危险。久而久之，他发现自己又开始害怕橱柜、隧道等其他狭小空间了，甚至最近连坐地铁都开始心惊胆战。

萨曼莎一直不喜欢狗。从她小时候起，身边就没有养狗的人，但在她家附近的公园里有一条嗓门很大、经常吠叫的狗。萨曼莎一看到这条狗在公园里就会心烦意乱，坐立不安。所以每当那条狗出现，父母就会赶紧把萨曼莎带回家。长大后，萨曼莎发现自己会避免去公园，因为她害怕看到狗，而且她每次出门都会不断地寻找狗的踪影。如果萨曼莎在路上看到狗，她就会穿过马路逃到另一边去，而且附近有狗的时候，萨曼莎都会紧张得直冒冷汗。有一天，萨曼莎在餐厅外面一个露天的位置吃晚饭，发现邻桌有一条狗，吓得她赶紧挪到了餐厅里面吃。萨曼莎的朋友告诉她，她应该勇敢一点，别这么怕狗，但萨曼莎说自己就是很讨厌狗，离狗远点也没什么错。

在这两个例子中，杰克和萨曼莎都经历了本章前面概述的恐惧情绪的五元素变化：感觉、身体反应、面部表情、思维和行为。爬虫类脑在这五个方面做出反应，帮助他们远离危险：电梯和狗。对于杰克和萨曼莎来说，电梯和狗就好像会直接威胁到他们的生命一样。其实，杰克和萨曼莎的理性脑都明白，电梯和狗虽然有时候会很危险，但绝不至于危险到他们认为的那个地步。换句话说，杰克和萨曼莎都夸大了危险，也正是由于他们夸大了危险，才让他们开始害怕一些完全不需要害怕的事情。

在这种情况下，杰克和萨曼莎的恐惧不仅没有对他们起到保护作用，反而严重地影响了他们的正常生活。这种情况下，他们的恐惧并没有发挥应有的保护机制。这时候人们就可能被诊断为焦虑症。任何焦虑症都可以理解为有过度的逃离与逃避行为。不断夸大危险只会对生活造成负面影响。与其他人相比，杰克和萨曼莎的经历并没有任何本质不同，他们只是在应对恐惧的方式上出了问题。

（一）思维僵直

以前，杰克知道电梯在大多数时候都是安全快捷的交通工具，那是什么改变了他的看法呢？萨曼莎本可以知道，狗虽然偶尔会大声吠叫或者咬人，但大多数情况下都友好无害，那又是什么让她至今都这么害怕狗呢？

这里有两个重要原因：第一，人类的爬虫类脑由本能反应而非理性思维驱动，依靠的是感受和体会，无法进行逻辑思考。第二，杰克和萨曼莎都有过度的逃离与躲避行为。我们把这两个因素结合在一起，可以发现他们两个人的思维变得僵直：杰克的爬虫类脑永远不会知道电梯其实很安全，因为他一直在避免坐电梯，他的爬虫类脑无法输入安全搭乘电梯的经历。萨曼莎的爬虫类脑也永远不会知道大多数狗其实并不恐怖，因为她会避开狗，发现附近有狗时就赶紧逃开，她的爬虫类脑也就永远不会认识到狗在大部分情况下其实无害。

所以在这种情况下，那些通常有益且有效的恐惧反应，反而会让人夸大危险，过度地逃离与逃避，然后陷入这种恶性循环中，思维固化，永远都不会发现真相其实没那么可怕。具体见恐惧陷阱 1（图 1-1）。

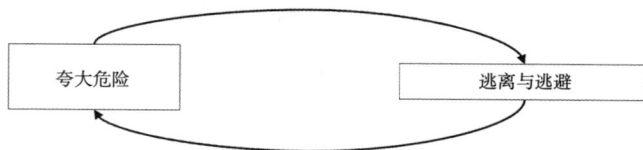

图 1-1　恐惧陷阱 1

如果不针对恐惧陷阱的问题采取措施，那么久而久之，人们就会一直陷在恐惧陷阱里，难以正常生活。恐惧的情绪和逃避的行为会像滚雪球一样越来越严重，对生活造成的影响与日俱增，最终产生严重后果。我们可以发现，人一旦陷入恐惧陷阱，情况往往只会逐渐恶化。他们越来越频繁地选择逃离与逃避，越来越夸大危险，最后越来越恐惧。

杰克的恐惧陷阱里有夸大电梯风险的问题，他可能会想"我在电梯里不安全"，甚至可能变成"我坐电梯就会死"，所以他会避免乘坐电梯。长此以往，所夸大的危险不断膨胀，变成了"我在狭小的空间里不安全"，甚至是"我一直身处于危险之中"，原因就在于他一直在逃避狭小空间和新环境。

在萨曼莎的恐惧陷阱中，也有一个被夸大的危险，"狗会袭击我"或"我在狗的旁边会不安全"，因此她会避免去任何可能有狗的地方。萨曼莎从记事起就非常怕狗，她的爬虫类脑从未了解到，大多数狗其实都友好无害。只要她感觉有危险，爬虫类脑就会被激活。

举例如下。

阿里一辈子都在努力工作，勤勤恳恳，任劳任怨。他50多岁时突然心脏病发作，只好装上心脏起搏器，改变饮食习惯。这么一来就大大降低了他心脏病再次发作的风险。尽管如此，阿里还是非常害怕心脏病复发，结果他干脆就不去上班了，一连五个月都没有离开过家。他动不动就会检查自己的心率，甚至都不出门了，生怕会引发心脏病。

在第三个例子中，我们可以看到这些心理障碍对阿里的生活产生了更大的影响，以至于他都无法正常生活了。阿里恐惧的是心脏病可能复发，这固然是一件大事，不过无论阿里的情况有多么糟糕，或者心脏病对他的影响有多么严重，我们都可以用和前面的几个例子完全相同的角度，来研究阿里的恐惧以及他应该采取的应对措施。阿里夸大了心脏病复发的风险，所以他几乎什么都不做，过度地逃避，也正是这种逃避使他的爬虫类脑无法认识到正常的生活和工作并不会让心脏病复发。

（二）安全行为和逃避的小动作

有时候，即使人们没有明显的逃避行为，情况也仍然可能恶化或者持续下去，原因就在于人们会有逃避的小动作或所谓的"安全行为"。

萨曼莎的例子突出了这种安全行为的作用。萨曼莎开始试图克服对狗的恐惧。首先，她尝试去以前回避的地方，比如公园和海滩。虽然一开始情况似乎有所好转，但她也就止步于此了，无法继续进步。萨曼莎解释说，她每次去公园都穿着靴子，因为如果有狗咬她，靴子就可以保护腿。她还会仔细观察狗的主人，来判断狗是否友好。有人告诉萨曼莎，狗能看出人的胆量，于是她开始用自认为"大胆"的姿势走路。萨曼莎自己也知道，这些举措其实没什么用，但她只有这样才能让自己不那么害怕。

在这个例子中，萨曼莎在努力减少自己的逃避行为，让自己去接触狗，但她仍然会做许多小动作来逃避。这些行为让萨曼莎感到更安全，所以叫作"安全行为"。但这些小动作还是让她的爬虫类脑无法认识到，如果她没有做这些小动作，碰到狗会是什么情况。再次提醒，爬虫类脑本来就不按逻辑思考。每次出门都穿靴子，对于萨曼莎的理性脑来说似乎只是一件小事，但她的爬虫类脑会按照不合逻辑的方式做出总结，"我必须穿靴子去那个公园，否则那只狗就会袭击我"，或者"还好我走了那条路，否则我会受到攻击"。虽然萨曼莎的理性脑知道这些结论不合逻辑，但她的爬虫类脑仍然在避免去想如果不做这些小动作会怎么样。萨曼莎的恐惧陷阱，详见图 1-2。

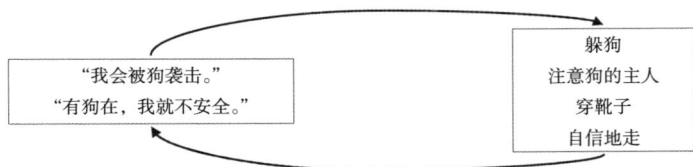

"我会被狗袭击。"
"有狗在，我就不安全。"

躲狗
注意狗的主人
穿靴子
自信地走

图 1-2　萨曼莎的恐惧陷阱

"安全行为"是对危险的反应，能够减少恐惧，这些行为会阻止爬虫类脑意识到自己正在夸大危险。

杰克的例子则说明了另一个道理。杰克原本就在大楼高层的办公室里工作。他向别人征询意见，自己也在网上查阅克服恐惧的方法，然后开始在上班的时候强迫自己乘坐电梯。杰克就这样坚持了几个星期，发现自己对电梯的恐惧不仅丝毫未减，还开始变得愤怒又沮丧。有人问他是如何克服自己的恐惧的，他就说自己在坐电梯的时候会戴上耳机，盯着手机看。

杰克这么做，其实是在努力通过乘坐电梯来减少自己的逃避行为。然而，还记得爬虫类脑根本就不用逻辑思考吗？杰克在电梯里强迫自己分散注意力，爬虫类脑试图让他感到安全，所以他仍然在避免让自己的爬虫类脑思考自己在坐电梯这件事。杰克满脑子想的都是其他事情，他的爬虫类脑在视觉、听觉、嗅觉和感觉上都没有认识到乘坐电梯其实很安全。杰克的恐惧陷阱，详见图 1-3。

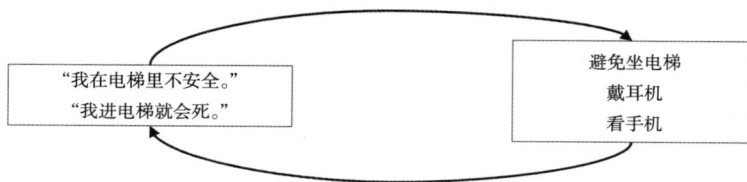

"我在电梯里不安全。"　　　　避免坐电梯
"我进电梯就会死。"　　　　戴耳机
　　　　　　　　　　　　看手机

图 1-3　杰克的恐惧陷阱

阿里的安全行为主要是逃避。他几乎放弃了正常生活，唯一坚持做的就是反复检查心率。检查是一个很正常的举动，例如，检查身体内部状态，出门后检查有没有锁门或者有没有带钥匙。这些看起来可能不像安全行为，因为其并没有实际改变任何东西，而且一下子就能做到，但请记住爬虫类脑不能进行理性思考的本质。检查可以略微缓解恐惧，这意味着爬虫类脑将检查与危险解除建立了关联。阿里可能认为，"检查心率对我有好处，否则我会心脏病发作"或"检查有没有带钥匙对我有好处，否则我会被锁在外面"。这些结论显然不合逻辑，但爬虫类脑正是这么思考的！还有一点阿里可能没有注意到，那就是注意力。阿里担忧的是自己的心脏，他的全部注意力都在心脏上。这样的话，他可能比患心脏病之前更加关注自己的心脏。这样会导致什么样的后果呢？请先尝试做练习 1.5，了解一下注意力。

练习 1.5 集中注意力

现在想想你的左肩以及左肩周围一直到脖子的肌肉。将注意力转移到这些肌肉上，体会一下左肩是什么感觉。

现在动一动左肩，体会一下又是什么感觉，是否有紧张或者不适感。将注意力全部集中在这些肌肉上，让注意力像聚光灯一样聚焦于此。你有什么发现？有没有发现以前没有注意到的事情？

通常情况下，你将注意力集中在特定事物上后，会注意到以前没有注意到的东西。如果你专注于某个身体部位，通常能体会到以前没有的感觉，甚至能感到不适或疼痛。对阿里来说，他会发现自己的心脏出现以前从未有过的变化和感觉，这会导致阿里越来越夸大心脏病发作的概率，在恐惧陷阱中越陷越深。阿里的恐惧陷阱，详见图 1-4。

图 1-4 阿里的恐惧陷阱

这样的行为意味着我们总是对那些与恐惧真正相关的事情视若无睹。这些行为包括酗酒、分心、数数、排练与制订计划，还有各种肢体上的行为，如肌肉紧张、移开视线、反复检查、让别人或自己作保证。一般来说，为了应对夸大的危险，我们采取的任何行为都可能是安全行为或逃避行为。因此，我们的恐惧陷阱2（如图 1-5 所示）里全是自己夸大的危险。因为我们想要逃离和躲避的心理以及安全行为，会导致这些本身其实不存在的危险一直纠缠着我们。

```
┌─────────────┐              ┌─────────────┐
│  夸大危险    │              │  逃离、逃避  │
│             │              │  安全行为    │
└─────────────┘              └─────────────┘
```

图 1-5　恐惧陷阱 2

练习 1.6 会带你绘制自己的恐惧陷阱。你绘制的恐惧陷阱应该与你在本章中看到的类似。

练习 1.6　绘制恐惧陷阱

如果你觉得自己可能陷入了恐惧陷阱，请尝试将其绘制出来。

仔细想想，你究竟在害怕什么？不妨想想自己最近一次感到害怕时的场景，这代表了你目前面临的困境。想想爬虫类脑在预测什么。

请记住，爬虫类脑所想的内容并不理性，对于理性脑来说它甚至可能很愚蠢、很浮夸。爬虫类脑思考的可能是陈述，而非"假设"，所以它很可能以"我会做……"或"我要去做……"开头。

我所高估的危险是：

_____

下一步想想自己有没有逃离与躲避，或做过类似于安全行为的事情。请记住，这些行为是针对危险做出的反应，目的是在短时间内缓解恐惧。它们可能与危险明显相关或完全不相关，但仍会带来一种解脱感。想想你可能会做但是没做的事情；想想你可能会随身携带的东西，你的注意力集中在哪里，或者会做哪些身体上的改变，例如调整姿势、反复检查、绷紧肌肉。

我做过的和逃离与躲避以及安全行为有关的事情是：

_____

_____

这一步有一定难度，但是请不要担忧。在本章后半部分，会有各种恐惧陷阱的例子，对应不同类型的恐惧。如果你在这一步进行不下去了，那些例子应该会对你有所帮助。

四、走出恐惧陷阱

恐惧陷阱让我们注意到我们无法克服恐惧时，会发生什么。本部分概述了走出恐惧陷阱的最佳方法，其理论基础是认知行为疗法和目前最可靠的实践结果。[14]

（一）减少逃离与躲避以及安全行为

在前面关于恐惧陷阱的部分中，重点讨论了夸大危险与过度逃离与躲避会让恐惧感难以消除。

现在我们再回到恐惧陷阱这个问题，思考如何走出陷阱，克服困难。为了打破恐惧陷阱的恶性循环，我们需要采取不同的措施来缓解恐惧，但是尽量不要逃离与躲避。我们必须接近自己的恐惧之源，鼓励自己容忍恐惧，而不是一走了之。

这种做法的目的是让我们的行为符合大脑的工作方式。思维是理性脑的一个功能，恐惧反应则由爬虫类脑产生，属于非理性。想要凭空找出摆脱恐惧陷阱的方法，就像试图向鳄鱼解释它不需要害怕一样行不通。理性脑可以通过逻辑思考来认识到眼前的危险并没有想象中那么可怕，但爬虫类脑必须要直面本质，真切地感受到所谓的危险只是徒有其表。

> 走出恐惧陷阱的唯一方法是减少逃离与躲避心理与安全行为。

（二）舒适区三圈理论

走出恐惧陷阱说起来容易，做起来难。想象一下，对多年来一直怕狗的萨曼莎来说，要她一下子不再躲着狗会有多困难！如果有人告诉杰克，他只需要走进电梯，停止转移注意力，别再害怕，他也没法真的一步到位。又或者，有人告诉阿里别再害怕心脏病发作，他就能真的不害怕了吗？不过倒是有一些方法可以帮助我们建立信心，逐渐克服逃离与躲避的冲动，减少安全行为，做到这一点的最简单的方法是实践舒适区三圈理论（如图1-6所示）。

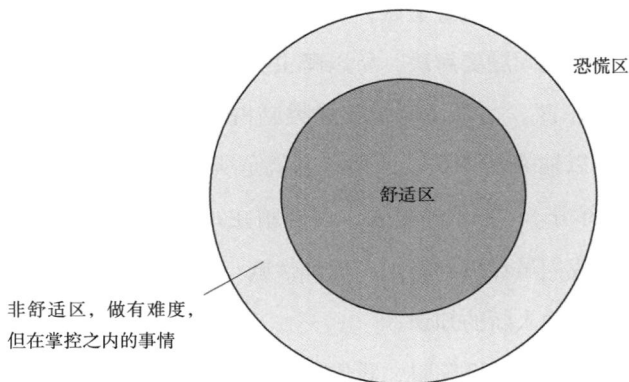

图 1-6　舒适区三圈理论

在图1-6中，内圈表示让我们感到舒适、不用担忧的事情，例如待在家里看电视、看书或去拜访好友。外圈以外表示让人害怕的事情，包括跳伞和蹦极，对萨曼莎来说是和狗接触，对杰克来说是坐电梯上15楼。内圈与外圈之间的间隙，表示夹在舒适与可怕之间的事物，叫作非舒适区，代表令我们感到不适，做起来有一定难度，但还在我们掌控之中的事情。

舒适区三圈理论的理论基础是，人类与大多数物种一样都有自己的习惯。我们喜欢一遍又一遍地做同样的事情。常做的事情会让我们感觉得心应手，故而，我们会把它们划分到舒适区里，把不常做的事情划分到恐慌区里。重复做舒服区以外的事情，那么久而久之，这些事情也会移入舒适区。恐慌区里的事情会先慢慢移动到非舒服区，然后再进入舒适区。最后，舒适区会慢慢扩展，吞并所有以前不常做的事情。

回顾一下大脑的工作方式，可以帮助我们进一步理解舒适区三圈理论的原理。在舒适区，我们只做自己得心应手的事情，但是由于没有新问题要解决，所以爬虫类脑处于离线状态，无法学到任何新东西。在恐慌区，爬虫类脑占主导地位，让我们陷入恐慌，难以输入新知识。这种状态就是所谓的"失神"（见引言"手脑"部分）。在非舒服区，理性脑在线，爬虫类脑也处于激活状态，我们虽然感到害怕，但理性脑与爬虫类脑同时运转，我们仍然可以输入新的知识。

当我们陷入恐惧陷阱，我们就需要多做一些非舒服区域中的事情，以此来克服逃离与躲避的冲动，减少安全行为。多加练习之后，我们自然而然地就会觉得本来非常棘手的事情变得简单，然后，我们就可以加大难度，做一些让自己害怕和发怵的事情。要想充分实践舒适区三圈理论，我们还要注意许多其他事项。

请记住，你要告诉自己的爬虫类脑，它夸大了危险，它所理解的危险徒有其表。这对爬虫类脑来说是件新鲜事，并且由于重复是学习的重要一步，你需要不断地给爬虫类脑重复灌输这个观点。此外，你需要给自己的爬虫类脑留出足够的时间，让它认识到实际情况要比自己以前觉得的更加安全，改掉见风就是雨的思维模式。至于究竟要给爬虫类脑多长时间，我们要留意它的感觉才能知道。你的爬虫类脑稍微冷静下来了，就表明它已经有了新的认知。

> 定期跳出舒适圈可以避免夸大危险。

（三）直面恐惧，不再逃避

有两种方法可以让你跳出舒适区，进入非舒适区。首先是做一些你通常会避免的事情，这是一个直面恐惧的过程，可能需要人为的干涉来驯服爬虫类脑。对萨曼莎来说，这可能意味着去有很多狗出没的公园或者摸摸朋友的狗，对杰克来说，这可能意味着观看有关电梯的视频，鼓起勇气乘坐电梯去较高的楼层。对于阿里来说，这可能意味着他要快步走，爬楼梯，出去慢跑。他们可以自行决定去做什么，但最终目的都是要挑战自己，教会爬虫类脑新的东西。我们有时可以把这些练习当作一项实验，督促自己做本来想要避免的事情。

还有一种方法，就是停止做那些能让你逃避恐惧的事情，也就是我们要停止安全行为，不再逃避一些寻常事。对杰克来说，他要避免一进电梯就拿出手机，也不能提前看他要去的办公室在哪一层；对萨曼莎来说，她不能在选择步行路线时考虑会不会碰到狗，也不要看到狗就逃到马路另一边去；阿里要做的就是不要一直检查心率。

第一个办法是人为驯服爬虫类脑。这个方法需要提前计划安排，重复几次就有效果了。第二个办法是停止做逃避恐惧的事情。我们只有完全直面恐惧，才能让生活重回"正轨"。练习 1.7 能够帮助你制订自己的计划，走出恐惧陷阱。

练习 1.7 走出你的恐惧陷阱

当你画好恐惧陷阱后，想一想，为了走出恐惧陷阱，你需要停止哪些行为。

你可能需要停止逃避行为，第一步要做的就是强迫自己直面一些以往习惯性逃避的事情，像做实验一样，面对挑战时尝试一下，看看"如果这么做会怎么样"。请记住，要确保这些事情属于让你觉得棘手但是又能应付得了的程度。如果这些事在舒适区内，对你来说轻而易举，那你的爬虫类脑就不会学到任何新东西。而如果这些事太棘手，那你的爬虫类脑就会不堪重负，非但没法摄入新知识，还会徒增痛苦。你得把自己推到非舒适区的边缘，看看自己的上限在哪。然后，你要考虑怎样能把三个圈画得越来越大。

你可能还需要停止安全行为，即停止那些你为了避免感到害怕而做的事情。你需要考虑哪些行为戒掉之后会让自己感到不舒服，但是自己又能承受得住，然后停止这些行为。如果你做出的改变太小，爬虫类脑就学不到任何新东西；如果你想一口吃成个胖子，爬虫类脑又会不堪重负。实现这一目的需要大量的重复练习，所以你要选择可以每天都能练习的事情。

五、不同类型的恐惧陷阱

我们会发现自己害怕许多事情，与恐惧相关的心理健康诊断也层出不穷。这些诊断只强调各种恐惧之间的差异，却淡化其相似之处。本章一直强调，总体而言，我们应对恐惧的方式，与克服恐惧时可能遇到的困难，一般都是一回事。无论你经历过何种恐惧，只要清楚恐惧陷阱的两个方面，即夸大危险、逃离与躲避和安全行为，就足以解决恐惧问题。

本部分概述了许多常见的恐惧，举例说明了一些人们可能会夸大的危险以及相关行为，以帮助你认识自己的经历。

以下是各种特定恐惧：

对特定生物或情况的恐惧（特定恐惧症）。

社交恐惧症（社交焦虑症或社交恐惧症）。

身体恐惧，包括惊恐发作，对惊恐发作的恐惧（恐慌症和广场恐怖症型），对疾病的恐惧（疾病焦虑症或健康焦虑症，以及呕吐恐惧症或呕吐物恐惧症）。

忧虑（广泛性焦虑症）。

强迫型恐惧症（强迫症）。

心理创伤（创伤后应激障碍）。

（一）对特定生物或情况的恐惧，例如恐惧小动物、雷声、水、血、电梯或小丑（特定恐惧症）

我们的许多恐惧与特定情况或特定对象有关，许多陷入恐惧陷阱的人也都是因为对特定生物或特定情况有过度的恐惧。之前的两个例子是两个主人公对特定的情况有恐惧：杰克害怕电梯，萨曼莎害怕狗。本章前面的部分概述了杰克和萨曼莎的恐惧陷阱，以及摆脱这些恐惧陷阱所需要做的事情。

大多数对特定对象或特定情况感到恐惧的人的处境和杰克和萨曼莎如出一辙。不过，也有一些让人既厌恶又恐惧的东西，比如说蜘蛛、老鼠和昆虫之类的小动物，流血和打针，还有某种食物。对于这些恐惧，恐惧陷阱的运作方式与摆脱恐惧陷阱的方式完全相同。不过，了解厌恶的作用也可以帮助我们学会摆脱恐惧陷阱。第四章关于厌恶的部分会举相关恐惧陷阱的例子。

（二）社交恐惧症（社交焦虑症或社交恐惧症）

对社交场合的恐惧是人类常见的四大恐惧之一。我们是群体动物，融入社会群体对我们来说非常重要。社交场合中的大多数恐惧都与他人认识我们的方式有关。举例如下。

米歇尔性格有些内向，不过她在学校还是交到了一些朋友，毕业后也找到了一份心仪的工作。然而，米歇尔的工作使得她不得不参加很多会议，还要上台演讲。一直以来，米歇尔都不擅长做这些事，于是她开始感到害怕。有一次，米歇尔压力过大，在会议上发言的时候，竟愣在那什么也说不出来，她只好赶紧找了个借口，从台上溜了下来。从那以后，米歇尔就一直坚信这种情况会再次发生，她也笃信大家会觉得她是个白痴，连自己的工作都做不好。所以米歇尔开始躲着不去开会。如果逃不掉，她会事先写下自己要说的每一个字，然后坐着发言，她还随身带着水，一紧张就赶紧喝水。

请记住，恐惧陷阱有两个主要组成部分：夸大危险，逃离与躲避行为和安全行为。你先自己思考一下，看看能否找出米歇尔所夸大的危险，以及她的逃离与躲避行为和安全行为。

米歇尔的恐惧陷阱里有一个她夸大的危险，她会想："如果我又慌作一团，大家就会觉得我是个白痴。"她的逃离与躲避行为和安全行为有：不去开会、事先准备发言稿、坐着发言以及喝水。这些是米歇尔自己就能察觉出来的安全行为，她还可能会做其他事情，比如眼神躲闪、盯着稿件和加快语速等。我们同样要记住，我们的注意力会集中于自己臆想的危险。在米歇尔的例子中，她臆想的危险就是只要自己一恐慌，别人就会觉得她是个白痴。对于米歇尔来说，她很可能会将全部注意力集中在自己身上，尽量保持镇定，以免看起来像个白痴。米歇尔的脑海里甚至可能有一张自己的照片，代表她心目中自己的模样。[15]

很重要的一点就是，米歇尔自以为自己看起来像个白痴，对自己过分关注，这些都与羞耻相关联。羞耻或者不那么强烈的尴尬有一个共同的特征，那就是我们会在别人面前感觉自己有不足或有缺陷。尴尬或羞耻会导致我们把所有的注意力都集中在自己身上，从而无法保持思路清晰、好好表现。因此，米歇尔担忧自己会让自己难堪，所以将注意力集中在自己的表现上，而这却让她更有可能感到尴尬或羞耻。正因如此，社交恐惧与尴尬和羞耻有相似之处。[16] 阅读第六章关于羞耻的部分可以帮助你更好地理解羞耻。

我们可以看到羞耻在米歇尔的恐惧陷阱中的作用。

米歇尔尽量保持镇定，让自己不至于看起来像个白痴。表面上这些行为似乎是在帮助她，但问题在于，她让自己的爬虫类脑无法意识到如果她不做这些事情会发生什么，如果她在没有这些行为的情况下演讲又会发生什么。

米歇尔此时应该怎么办呢？

恐惧陷阱的影响方式还是老样子，具体参考米歇尔的恐惧陷阱图（图1-7），米歇尔必须尝试减少图中右侧的行为，以便让自己的爬虫类脑可以认识到自己夸大了危险，比如尝试心无旁骛地当众演讲。还有一种方法可以缓解羞耻感。米歇尔可以尝试在工作之外的时间练习演讲，比如对着朋友或家人演讲或者自己对着镜子排练。她也可以站起来发言、脱稿、不喝水，与观众进行眼神交流，将注意力从自己身上向外转移，放到演讲的内容上，而不是沉浸在自己的臆想中（详见第六章）。这样，米歇尔就可以搞清楚自己到底有多恐慌，以及自己是否真的看起来像个白痴。米歇尔甚至可以给自己录制演讲视频，这样就可以从回放里看自己的表现是否真的像爬虫类脑认为的那样糟糕。

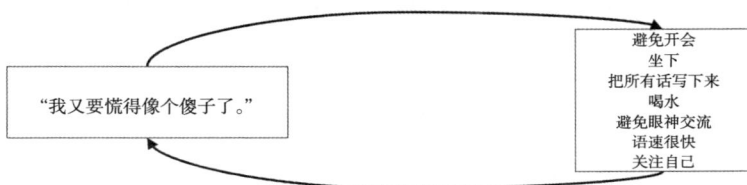

图 1-7 米歇尔的恐惧陷阱

当然，这一切都并非易事，对于米歇尔来说，更是难上加难。但如果米歇尔能坚持在朋友面前练习演讲，说上那么几分钟，那么久而久之，她就会发现爬虫类脑可以意识到自己其实夸大了恐惧，自信心也会随之增强。

如果恐惧对象是某种更具普遍性的社会情况，那么克服的过程也基本相同，你只需要逐渐增加社交，少做安全行为就可以了。例如，与商店里的人多聊几句，多问些问题，或者主动接近别人，而不是保持被动。你需要将注意力集中在谈话上，而不是自己交谈的方式上，要避免一切安全行为。

（三）身体恐惧（惊恐发作、恐惧患病）

普通人群往往会对死亡和受伤感到恐惧，因为死亡和受伤可以真真切切地威胁到我们的生存。关注自身的健康状况和潜在的健康风险对我们来说很重要。然而，与其他恐惧一样，对这些恐惧过分逃避以及过度进行安全行为，也会导致我们陷入恐惧陷阱。

　　阿里的例子说明了人会对自己的健康陷入循环恐慌。阿里在心脏病发作后，夸大了它复发的风险，于是他将这种风险与监测心率联系起来。至此，恐惧便与心率增加联系在了一起。因此，阿里每次监测心率时，一看到数据偏高就会感到恐慌，这势必会让他进一步夸大危险。自然而然地，阿里越是觉得自己要心脏病发作，越会夸大这种危险，他的心跳就越快，也就让自己越来越害怕。而他的心跳越快，他就越确信自己要心脏病发作了。这是身体恐惧中很常见的一种模式：人们误解身体恐惧的反应，加剧恐惧陷阱。[17]

　　再举一个名叫阿耶莎的人的例子。

　　多年来，阿耶莎一直都不喜欢生病的感觉，她对生病的恐惧也在逐渐加重。长此以往，对生病的恐惧占据了阿耶莎的大部分生活。阿耶莎坚持在家自己做饭，还花大把的时间打扫房子；她不喜欢出去吃饭，要去也只去固定的三家饭馆；她也不喜欢去孩子的学校，总是让丈夫去接送孩子；她还不能看关于健康或医院的电视节目。阿耶莎的孩子们放学回家时，她会问学校里有没有人生病。阿耶莎感到不适时，她会在浴室里坐上几个小时，捂住肚子，做呼吸练习，这种情况每周都会出现三到四次。但是实际上，阿耶莎自从几年前怀孕后就一直没有生过病，即便是分娩以后，她也一直都很健康。

阿耶莎的恐惧由来已久，并且随着时间的推移不断加剧。那么，她做了哪些让自己陷入恐惧陷阱的事情？感到恐惧时的身体反应和真的身体不适有哪些相似之处？

整体来看，阿耶莎做了很多让自己陷入恐惧陷阱的事情，包括不吃别人做的饭，过度打扫房子以及询问她的孩子是否有同学生病。这些是阿耶莎自己能注意到的事情。但就像阿里和他的心脏一样，阿耶莎还可能会去关注一些更细微的事情，让自己在恐惧陷阱里越陷越深。比如，阿耶莎可能最先注意到自己胃部的变化，所以她很可能会将自己感到恐惧时的身体反应误解为生病的症状。还记得"休息与消化"系统的变化吗？当我们害怕时会感到不适，我们的消化效率会降低，这种感觉确实有点像生病，但对于这么久以来都没有生病的阿耶莎来说，她所感受到的不适大概率只是恐惧时的身体反应，而不是病症。但是阿耶莎的很多行为导致自己的爬虫类脑无法意识到这一点。阿耶莎躲在浴室里，瑟瑟发抖，拼命喘气，这所有的行为都让她的爬虫类脑觉得这么做可以防止自己生病，同时让自己不断夸大生病的可能性。尽管她上次生病也没有那么糟糕，但阿耶莎的许多行为都让"生病是一件很恐怖的事情"这个观念根深蒂固。阿耶莎的恐惧陷阱详见图 1-8。

阿里和阿耶莎的恐惧陷阱都与本章中所有其他恐惧陷阱大同小异。他们不断地逃离与躲避，做一些安全行为，所以只会不断地夸大危险。唯一的区别是，他们的行为还包括误解自己恐惧时的身体反应，这也会夸大危险。阿里将恐惧导致的心率变化误解

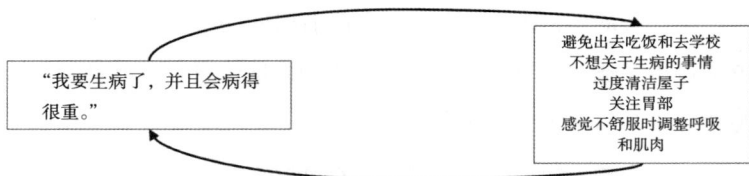

"我要生病了，并且会病得很重。"

避免出去吃饭和去学校
不想关于生病的事情
过度清洁屋子
关注胃部
感觉不舒服时调整呼吸
和肌肉

图 1-8 阿耶莎的恐惧陷阱

为心脏病发作的迹象，阿耶莎将消化系统因恐惧而产生的感觉误解为生病的迹象。如果阿里和阿耶莎能克服逃离与躲避的冲动，减少安全行为，他们的爬虫类脑就会发现这些迹象都是恐惧导致的身体反应，而不是心脏病发作或疾病的症状。

由生病或患有特定疾病而引发的恐惧陷阱，与本书中所有其他恐惧陷阱遵循相同的模式。同样，如果我们过分关注那些让自己夸大危险的身体部位，会导致这些部位更加敏感，从而让我们进一步将其误读为生病的症状。

（四）忧虑（广泛性焦虑症，GAD）

我们在本章前面的部分强调了，大多数恐惧一定与特定的原因或对象有关。我们还讨论了对抽象事物的恐惧如何进一步导致各种各样的忧虑。这些类型的恐惧通常不那么强烈，但有时也会让人不知所措。人们往往会因为这些恐惧而觉得自己没法真正放松，总是有或多或少的压力。举例如下。

艾米丽的朋友形容她是组织者，但她认为自己是一个总会多虑的人。每当艾米丽遇到平时不怎么做的事情，比如去度假或参加工作中的重要会议等，她都会仔细考虑，把所有可能发生的事情都预想一遍，然后为最坏的情况做好准备。她会提前组织计划一切，所以一遇到大型活动，她的家人、朋友都会指望她张罗好一切。安排新活动需要很多计划和准备，所以艾米丽会选择循规蹈矩，以前怎么来，现在就怎么来。她会对家人解释："这样方便，因为一切尽在掌握之中。"艾米丽发现，大多数情况下事情发展得都很顺利。可是一旦出了意外，比如有人批评自己的二作，她就会深陷恐惧陷阱，钻牛角尖，甚至压力大到失眠。艾米丽还发现有了孩子之后，要操心的事情更多了，比如孩子去上幼儿园之后，她就总是心事重重，止不住地担忧孩子的安危。

对于艾米丽来说，其实没有什么让她觉得特别难以驾驭的事情，也没有什么让她特别害怕的事情。然而，艾米丽的生活中一直都有着较低程度的恐惧。我们该如何利用恐惧陷阱的原理来帮助艾米丽了解自己的情况呢？又该如何帮助她更好地克服自己的恐惧呢？

艾米莉的恐惧比本章中其他人的恐惧更抽象，因为她害怕的是某种不确定性，害怕自己无法掌控一切。[18]对于艾米丽来说，新情况带来了不确定性，带来了未知。她很可能会说"只要我了解情况就没事了，恐惧只来自未知"。那么，艾米丽害怕不确定性，害怕自己无法掌控局势，她采取了哪些应对措施呢？

艾米丽选择逃离不确定的情况，故步自封，因循守旧。艾米丽接触新事物时，会尝试通过计划和组织来减少不确定性。如果她能提前了解情况、计划路线，预定东西并安排好每个人的任务，那么不确定性就会减少。但是这样艾米丽还是充满了忧虑。忧虑是一种特殊的思维方式，你的思绪七上八下，展开各种各样的"假设……"，而且这些假设通常都比较消极。

这种类型的思维让艾米丽觉得不确定性减少了，因为她事先已经在脑海中排演了所有情况。在某些情况下，提前思考和计划会对我们有所帮助，例如预订航班以及寻找从机场到酒店的路线。但是在其他情况下，这种思维会让艾米丽满脑子都是各种灾难性的结果，比如"我的孩子生病了怎么办？"我们担忧尚未发生的事情时，通常会想"如果……，我该怎么办……"，这种想法会引发更多的担忧。艾米丽越是这样想，事情好像越失控了。

艾米丽的恐惧陷阱详见图 1-9。

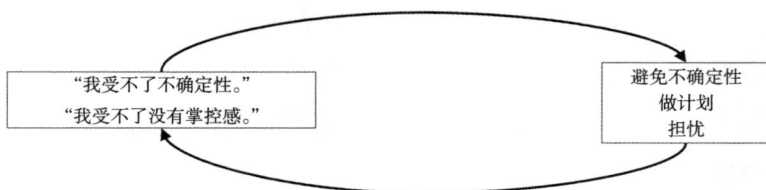

图 1-9　艾米丽的恐惧陷阱

艾米丽夸大的危险是自己无法应对不确定性或无法掌控局势。她总是忧心忡忡，提前做好计划和费力组织，竭力避免不确定性，但这只会让她心中臆想的危险一直存在。这些行为让艾米丽无法知道自己究竟能不能应对不确定性，遇到的问题能否迎刃而解。

　　现在我们知道了艾米丽的恐惧陷阱是什么样，下一步就可以考虑一下她该如何摆脱这一恐惧陷阱。艾米丽要做的第一件事是直面不确定性，她需要在非舒适区中找到自己可以胜任的事情。这就像是一个实验，用一些小事测试她应对不确定性的能力，比如没有经过检查就把刚写完的电子邮件发送出去，或者事先不看菜单就去一家新餐厅。一来二去，艾米丽就可以抬高她承受不确定性的下限，比如她可以放心地让其他人负责组织活动，自己也不再夸大危险。久而久之，她会发现自己能够应对不确定性，而且感觉也没那么糟。接下来，她就可以开始慢慢少做一些提前安排，让其他人替她分担一些任务。

　　在尝试过程中，艾米丽可能面临担忧的问题。担忧是艾米丽夸大危险时的反应之一，因为她无法应对不确定性或失控感。担忧未必是她主观的选择，更可能是一种习惯，艾米丽情不自禁地就会感到担忧。我们感到害怕时也会如此，因为我们会把注意力集中到危险上，很难再想其他事情。在这种情况下，有一些技巧可以帮助我们减少担忧。

　　第一个是设定"担忧时间"。[19]"担忧时间"是一天中我们可以专门用来担忧的固定时间段，在此期间你允许自己担忧。我们最好选择晚上的某段时间来进行担忧，可以持续约 20~30 分钟，但不要太接近睡觉时间。比如，艾米丽只在特定的时间段里担忧。她可以先大概记一下自己担忧的事情，等到了"担忧时间"再拿出来看看。如果她有自信到时候能想起来，那不记也行。在"担忧时间"里，艾米丽只能担忧，不能做其他事情，而且她还得必须确保自己全程保持担忧的状态。这样她第二天再有担忧的时候，就可以告诉自己把这些担忧都推到"担忧时间"里，让自己从中释怀。这个过程可以帮助艾米丽更好地控制担忧、评估担忧，并体会一下担忧时和不担忧时自己分别有什么感觉。

如果艾米丽的担忧持续存在，很难压缩到"担忧时间"里处理，那她可以换一个角度，在日记中设置"无忧时间"，即她在这段时间里不可以有任何的担忧。如果在这段时间出现任何的担忧情绪，她就要提醒自己，要等"无忧时间"之后才可以担忧。随着她能够更好地掌控自己的担忧情绪，她可以将"无忧时间"变成"担忧时间"。

第二个与担忧相关的常见问题是做决定，不过这一点在艾米丽的案例中不是很明显。在不同的选项之间做出决定可能会出错，因为要面对一大堆不确定性和未知数。如果你觉得做决定很困难，那么你夸大的危险可能是"我会做出错误的决定"或"我没法做出决定"。因此，你可能会逃避做决定，可能会担心自己没有做出正确的决定，或者在想如果自己做了与别人不同的决定会怎么样。恐惧陷阱的影响方式总是这样，你无法做到一边担忧，一边咬紧牙关做出决定。慢慢地，你可以挑战自己夸大的危险，打破自己无法做出决定或者总是会做出错误决定的误解。

因此，即使担忧与恐惧略有不同，但是恐惧陷阱的原理和摆脱手段与担忧陷阱的却一样。必须减少逃离与躲避行为和安全行为，避免夸大危险，走出恐惧陷阱。

（五）强迫型恐惧症（OCD）

有时候，我们明明知道一些事情发生的概率不高，但还是会让恐惧左右我们的行为。在这种情况下，我们的想法往往类似于"如果我不做某件事，那么某个坏的结果就会发生"，例如"如果我洗手时间不足一分钟，我就会生病"，或者"如果我不这么走路，我妈妈就会出事"。这些烦恼通常叫作强迫症，意思是我们的思维受到强迫，行为难以自控。"强"指的是思维模式强制重复，"迫"指的是行为模式被迫重复，这就是"强迫症"一词的由来。举例如下。

自从索菲亚的祖母去世后，她就一直担忧其他家人也会出意外。索菲亚与家人十分亲近，尽管他们都很健康，但她仍然忍不住会想象一些可怕的事情。索菲亚的母亲很迷信，索菲亚从小就受到母亲的影响，所以她现在一想到家人出意外，就会去摸摸木头。久而久之，习惯成自然，每当索菲亚想到一件可怕的事情，她就会按照特定的顺序触摸物体，并且一遍遍重复，直到摆脱这个想法。后来，情况越来越严重，她开始回避可能引发这些想法的地方，也不看可能引发这些想法的电视节目。她开始花费越来越多的时间触摸物体，如果摸不到的话，就在脑海中翻来覆去地思考。有时她会让妈妈告诉她一切都会好起来的或者让妈妈帮她摸东西。

在这个例子中，索菲亚总是会过度思考人们身上可能发生的可怕事情。这些想法可以称为"执念"。这种想法会不时出现在我们的脑海中，比如关于自己的死亡、其他人的死亡或性方面的不当想法。这很正常，因为我们大脑就是会想看看将各种想法合在一起之后会发生什么。索菲亚的问题在于这些想法让她害怕，让她感受到了危险。那为什么索菲亚会认为这些想法具有危险性呢？从某种程度上来说，索菲亚相信这些想法或自己的执念会以某种方式导致这些事情真的发生。这是索菲亚夸大的危险："这些想法会让这些坏事更有可能发生"。作为回应，她不断地逃避，不断做轻敲物体或钻牛角尖之类的安全行为。敲击物体和钻牛角尖就是某种意义上的"强迫"。索菲亚的执念与强迫性行为之间有很密切的关系，也正是这种联系引起了她的强迫症。索菲亚的恐惧陷阱详见图 1-10。

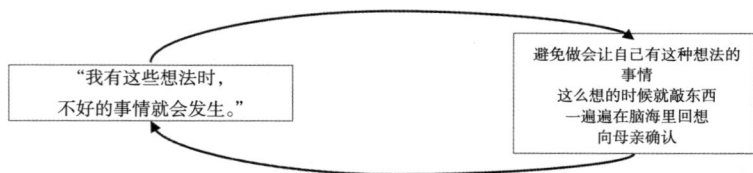

"我有这些想法时，不好的事情就会发生。"

避免做会让自己有这种想法的事情
这么想的时候就敲东西
一遍遍在脑海里回想
向母亲确认

图 1-10　索菲亚的恐惧陷阱

在这个例子中，我们可以看到索菲亚在脑海里会产生一些进行强迫性行为的想法。这种情况很常见。虽然索菲亚只是在脑海里想想，但她的这种思维仍然属于夸大危险，她也仍然在用同样的方式加深恐惧。如果索菲亚想走出恐惧陷阱，就需要逐渐减少这种想法，直到彻底不去想。

　　我们可以看到，索菲亚的恐惧陷阱和本章其他人的一样，走出恐惧陷阱的办法也一样。唯一的区别在于，索菲亚的想法会让她害怕，也可能会让她内疚。索菲亚的家庭观念以及对家人安全的责任感很强，这让她觉得自己要对家庭负责。本书第五章探讨了内疚感，其中就谈到责任感过重不仅会导致内疚感，也会促使人们努力把事情做得更好。可是对于索菲亚来说，责任感只会引发她的恐惧和内疚，从而导致其恐惧陷阱图右侧的行为。在这种情况下，克服逃离与躲避的冲动和少做安全行为既能防止夸大危险，也能减少责任感过重。[20] 本书第五章可以帮助索菲亚了解内疚的原理。

　　"强迫症"一词通常指人们追求过度整洁的行为。人们有时会强迫自己把一切收拾得井井有条，但强迫症所指代的情况远远不只如此。任何一种思想都可以成为一个执念，任何一种行为都可以成为强迫性行为。我们夸大危险的时候就会给自己带来某种强迫性的观念，这些强迫性观念也是我们恐惧的源头，而恐惧陷阱图右侧的强迫行为又让人难以正确评估危险。

（六）痛苦记忆（创伤应激后遗症，PTSD）

　　我们的一生会经历各种各样的磨难。我们会失去宠物、亲人和朋友；我们会遭遇事故和伤害；我们亲近的人也会受伤；我们也可能遭到他人的侵害，例如侮辱、入室盗窃、抢劫和袭击；我们可能会经历自然灾害和其他难以预料的意外……这些事在生活中无法避免，又十分棘手，让我们处于水深火热之中。

这些事件发生之后，我们通常会体验到各种各样的情绪，可能是恐惧，也可能是愤怒、悲伤或内疚。通常，相关记忆会在事后不断涌入我们的脑海，这时我们就会产生强烈的情绪。我们可能会与其他人倾诉，然后用不同的方式思考，对相同的问题有新的体会，或是让不同的体会代替曾经的想法。这意味着记忆得到了组织或处理。随着时间的推移，这些记忆会从我们的脑海中渐渐消失，与之相关的情绪也会逐渐消失殆尽。最终，就算我们回忆起生活中那些艰难而痛苦的时刻，也只会一笑而过。

但有时候，痛苦的记忆并不会就这么真的消失。

某天晚上，斯科特走在一条四下无人的街道上，却突然遭到两名男子的持刀抢劫。两名歹徒抢走了斯科特的手机，但是好在斯科特本人安然无恙地回家了。在这之后，斯科特发现自己每次出门都会感到紧张。他再也没去过那条街，宁愿绕路也要避开那里，晚上也避免独自出门。他没有告诉任何人自己遇到了抢劫，并且尽力不去想这件事，不看任何可能让他想起这件事的电视节目，也不和他人讨论这件事。每当斯科特想起这件事，他都极力抗拒这段回忆。尽管斯科特试图不去想这件事，但他发现自己总是做相关的梦，当时的情景历历在目，让自己感到害怕。

斯科特认为遭遇持刀抢劫的经历让自己非常痛苦，因此他努力不去想这件事。斯科特的问题在于，这段记忆并没有得到处理，而是依旧处于未加工状态，并不会随着时间的推移而消退。

这就让情况更加棘手了。由于记忆未经处理，虽然事情早就过去了，却仍然历历在目。未经处理的痛苦记忆在脑海里再现，通常称作创伤后应激障碍。[21]

斯科特的经历与恐惧陷阱有何关联？

斯科特夸大了过去记忆里遇到的危险。他确实是遭遇了抢劫这么一个实实在在的危险，这件事固然可怕，但一切都已经过去了，斯科特本人也安然无恙。然而，他的反应就好像自己又会遇到抢劫一样。由于斯科特夸大了记忆里的危险，所以他还在连带着逃避很多事情：逃避思考与谈论这件事，逃避害怕的感觉，还试图逃避任何能勾起回忆的东西。斯科特不仅过于害怕思考这件事，还夸大了这种情况再次发生的可能性。这种心理在人们经历痛苦之后很常见，在事件记忆仍未被处理的情况下更常见。由于斯科特夸大了危险再次发生的可能性，所以他避免去事发地点、避免晚上出门，这种种行为构成了他的恐惧陷阱（图 1–11）。

"我受不了再想这件事了。"
"我还会被抢劫的。"

避免说和思考这件事
避免回忆
避免类似的场景
避免晚上出去

图 1–11 斯科特的恐惧陷阱

斯科特的恐惧陷阱与本章中其他恐惧陷阱的影响方式完全相同。既然他夸大了危险，那他就要克服逃离与躲避的冲动，少做安全行为，让爬虫类脑意识到危险其实并没有想象中的那么夸张。

斯科特需要怎么做才能走出恐惧陷阱呢？

斯科特可以和其他人一样尝试直面自己的恐惧陷阱，减少恐惧陷阱图右边的行为，从而减少左边夸大的危险。如果斯科特努力不去逃避记忆，而是直面它、思考它、谈论它，那一开始确实会让自己非常痛苦，但久而久之，这些记忆就能得到处理，帮助自己正视因为害怕抢劫再次发生而产生的恐惧感。斯科特可以如法炮制，使用三圈理论，考虑哪些事对自己来说谈论起来有困难，但能说得出口，比如和亲近的人多说一点，或者向信任的人讲述全部经过。他还可以照常收看电视节目，不再回避能勾起回忆的事物，并尝试在天黑时与其他人一起出门。斯科特要做的是减少回避记忆和相关事物，以便爬虫类脑意识到自己其实陷入了回忆，夸大了再次遭遇抢劫的风险。

一些痛苦的事件不仅会让人们感到紧张恐惧，还会产生其他情绪。本书第五章中举了另一个痛苦事件导致责任感过重和强烈内疚的例子。

六、总结

本章从对恐惧的理解开始讲起。恐惧是一种常见的人类情绪，它通过交感神经系统刺激我们的身体和心理，让我们做好应对危险的准备。恐惧很重要，在很多情况下它可以保护我们。

我们面对恐惧时最常见的反应是逃避，同时也有其他让人更难以察觉的反应，例如交感神经系统三个部分的变化：呼吸节奏的变化、肌肉变得紧张和注意力高度集中。这些反应可以让我们克服危险或者保持紧张害怕的状态，从而体验兴奋感和成就感。

然而，恐惧并非总是一种有益的情绪。如果我们过度逃避，最后会发现自己在各种情况下都难以处理好恐惧。恐惧陷阱说明了夸大危险与过度反应之间的联系，解释了为什么克服逃离与躲避的冲动和少做安全行为可以摆脱恐惧陷阱。本章提供了多个示例，说明了不同的恐惧背后有着相同的恐惧陷阱原型。无论何种恐惧，只要有相同的恐惧陷阱原理，摆脱方式也就大同小异。

第二章
悲伤

CHAPTER 2

　　悲伤是一种重要的人类情感。我们常常会在失去某样东西之后感到悲伤，整个人都垂头丧气，想要一个人静静，和其他人保持距离。尽管人们普遍认为悲伤是一种基本情感，并且属于常见的情绪，但它在心理学领域受到的关注却远低于本书中的其他情绪。如果你在网络上搜索"悲伤"二字，你会发现搜索出来的结果都跟抑郁和痛苦有关，而悲伤本身却鲜有人关注。

　　虽然我们大多数人并不经常感到悲伤，但悲伤来临时，这种感觉总是很强烈，让我们很痛苦。悲伤是几种常见的情绪中持续时间最长的一种，通常持续数天或更长时间。在大多数情况下，我们感到悲伤时，都可以通过健康有益的方式对自己的情绪做出回应，从而恰当地改变和调整我们的生活。如果我们感到非常悲伤，那我们可以做出重要的改变，比如开始或结束一段恋情、换一份工作，或者搬家。悲伤也是一股将我们彼此联系在一起的力量。本章还强调了悲伤与其他情绪之间的联系，尤其是跟内疚和羞耻的关系。

　　然而，我们难以从悲伤中释怀时，可能就会陷入一种困境，产生痛苦感和消极情绪，生活的许多方面都会出问题，精力和动力也会急剧减少。也正是这种生理上的反应催生了"抑郁"这个和悲伤的情绪障碍有关的诊断术语。悲伤导致的问题会对我们生活的方方面面产生巨大影响，例如从兴趣消退和乐趣减少，到社交障碍和工作问题，再到几乎无法正常工作，甚至自杀，等等。对于许多读者来说，这一章至关重要，因为这一章里有很多非常有用的信息，可以帮助大家深入探讨一下从日常的悲伤与失望到确诊为抑郁症的历程。

本章首先会探讨悲伤的起因、悲伤是什么，以及人类为什么会感到悲伤，还会提供一些我们可以用来处理悲伤感的方法。接下来，本章会详细地列举悲伤可能导致的问题，具体介绍悲伤陷阱以及走出悲伤陷阱的方法，着重解释为什么悲伤经常与羞耻和内疚相关联，以及抑郁症诊断所扮演的角色。有很多例子可以证明这些方法是有用的，你可以先通过练习 2.1 回顾一下自己的经历。

练习 2.1　悲伤的感觉

想想你最近经历的一次悲伤。强烈的悲伤往往比轻微的悲伤更容易让你回忆起来。

你会如何描述那次悲伤的感觉？

你注意到了什么？意识到了什么？

是什么让你感到悲伤？

除了悲伤你还有其他感受吗？

你是如何回应的？

后来发生了什么？

一、理解与接受悲伤

悲伤是一种重要的人类情感，我们都经历过，也都知道是什么感觉。但我还想请你思考一下，你会如何向别人解释悲伤是什么、悲伤的原因又是什么。大多数人都会惊讶地发现自己其实对悲伤一知半解，如果真要他们想明白悲伤为什么会对自己有益，他们也往往会百思不得其解。下一部分我将以认知行为治疗和心理学方面的研究为基础，回答上述这些问题。

（一）是什么导致了悲伤？

练习 2.1 中的第三个问题是："是什么让你感到悲伤？"你能找到引起这种感觉的源头吗？我们发现，人们往往会在失去某样东西之后感到悲伤。失去的这个东西可能是我们已经拥有的东西，也可能是我们想要或期望拥有的东西。最让我们悲伤的是失去亲近的人或物，例如爱人或宠物。

失去生活中如此重要的一部分，会让我们感到强烈的悲伤，这种悲伤可能持续数周甚至数月。其他可能引起悲伤的情况包括在工作中回报与努力不匹配，或是应聘落选。我们会把那种不太强烈的悲伤称为失望，例如菜单上没有自己最喜欢的食物或者朋友不能如期赴约。

我们失去已经拥有或错过想要拥有的东西时就会感到难过；当我们不得不接受自己不想要的东西时，也可能会感到悲伤。例如，成为团队中凑数的人或者不得不做一些不想做的事情，都可能会让我们感到悲伤。

因此，失去想要的东西或拥有不想要的东西都会带来悲伤。这些情况也会引起其他情绪。回顾一下练习 2.1 的问题，除了悲伤之外，你还有其他情绪吗？你会感到愤怒、内疚、羞耻吗？

本书其他章节中提到的内疚、愤怒和羞耻感，可能是由与悲伤类似的情况引起的，例如事情没有按部就班地进行。那么，为什么我们会在某些情况下感到悲伤，在另一些情况下感到愤怒，而有时则两者兼有？练习 2.2 会帮助我们找出答案。我们稍后再讨论内疚和羞愧。

练习 2.2　悲伤还是愤怒？

想一件对你来说很重要的个人财产，可以是你付诸努力得来的成果，或者是有重大意义的东西。现在想象一下，有人拿走了它，而且你知道是谁。

你觉得自己会有什么感觉？

如果你感到愤怒，那愤怒会让你做什么？

如果你感到悲伤，那悲伤又会让你做什么？

你从什么角度看待这件事，才会感到悲伤？

愤怒是一种有唤起功能 ① 的情绪，能促使我们努力解决问题，让那些不如意的事情重回正轨。在练习 2.2 中，愤怒会驱使你夺回个人财产。你可能会去找那个人，要求他物归原主，或者让其他人帮助你。愤怒也可能会让你要求对方补偿，甚至报复对方。

当你接受已经失去了这件个人财产的事实，或者到了必须放弃找回它的地步，悲伤就会如期而至。当失去想要的东西，或被不想要的东西纠缠，而且还无法改变现状时，我们就会感到悲伤。类似的情况也可能会引起愤怒。但我们愤怒时，会努力改变现状，夺回失去的东西。如果我们发现自己无法改变现状，我们就会先感到愤怒，然后逐渐变成悲伤。[1]

> 悲伤和失去与限制有关。

因此，财产损失不仅仅会引发悲伤，可能还会导致更严重的后果，例如对自己或是这个世界都心灰意冷。再想想你的财产。如果你认为是朋友拿走了你的个人财产，而你周围也没有人帮你把它要回来，那你失去的将不仅仅是财产。你可能会同时失去财产和友谊，觉得自己懦弱无能，不再相信所谓的公平，甚至会对人与人之间的友谊失去信心。举个例子说明一下。

---

① 情绪的唤起功能起着心理和行为的动机作用，是生理内驱力的放大器。在高级目的行为当中，实现目的的情绪越强烈，它所激发的内驱力就越大。——译者注

梅茜在目前的岗位上工作了将近三年，现在她决定试试升职。梅茜的同事鼓励她申请，认为她势在必得。梅茜兢兢业业，朝着目标奋勇拼搏，按时按量完成任务，得到了同事们的一致好评。然而，升职的机会最终让一个后辈捷足先登了。一开始，梅茜很生气，因为她不明白为什么这个人会得到职位。久而久之，她接受了这个现实，开始为自己没有得到更高的职位和梦寐以求的加薪而感到难过。让梅茜最难过的是，她开始觉得自己的工作能力可能也不如想象中那么好。

在这个例子中，我们可以看到梅茜很悲伤，因为她失去了自己以为自己胜券在握的东西。这种失落感还与她的自我否定有关，她开始认为自己没有想象中那么优秀。她感到悲伤，不仅是因为这个与她擦肩而过的职位，还因为她落选后的不自信。每当我们没有得到自己想要的东西，或者我们拥有自己不想要的东西时，接受现状就意味着我们必须要认识到自己的不足。有时，这种感觉甚至比失去本身还要糟糕。

在练习 2.1 中，你需要回想一次强烈的悲伤感。通常，强烈的情绪背后都会有一个显而易见的原因。有时，不那么强烈的感觉，尤其是悲伤，可能会无缘无故出现，我们只能感觉到"怅然若失""忧郁"或"沮丧"。这种类型的悲伤会更难处理，因为它更难让人释怀。在有的文化中，甚至没有文字可以描述悲伤。这些文化背景下的人们往往会忽略这种难以释怀的情绪，闭口不谈，也许是因为害怕随之而来的消极状态（见本章后面部分）。[2]

有时，我们不仅可以将悲伤视为失去某物后的反应，还可以将其与某种限制联系起来，这样就能更好地理解它。如果我们感到难过或沮丧，但是不知缘由，或者遭遇的损失似乎还不足以引起我们难过或悲伤，那么我们最有可能感受到的是限制感。有限制感的原因可能是我们没有买到想吃的面包，这一天还发生了很多糟心事，我们就会觉得自己什么都做不好，从而感到非常悲伤。

死亡是导致悲伤的罪魁祸首之一。失去爱的人对我们来说是一次致命打击，让我们心潮起伏。起初，我们会感到震惊，因为我们很难接受这一事实。然后，我们可能会感到愤怒，试图阻止或扭转局面；我们也可能会感到内疚，不住地想自己是否本来可以挽救局面，却没有做到。慢慢地，我们就会开始感到悲伤。每到这时，我们就必须要接受自己的局限性。我们必须接受，在亲人逝去这件事上，我们无能为力。[3]

强烈的悲伤会带来强烈的限制感。我们会感到自己一无是处，甚至是绝望。因为我们觉得自己无能，随之而来的限制感还会引起羞耻感。例如，如果梅茜一直沉浸在错过升职的失败里，并且认为自己在公司是多余的人，大家都觉得她无能，她就会感到羞耻。第六章会详细介绍羞耻。

（二）我们悲伤时，会发生什么事？

前面的章节已经说明，所有情绪都来自情绪五元素的变化。下面将依次介绍与悲伤有关的部分。

1. 感觉

对于大多数人来说，悲伤并不常见，但却是主要情绪中持续时间最长的一种，通常会持续数天或更久。大多数人认为悲伤让人感到寒冷，所以习惯性地把悲伤与蓝色等冷色调联系起来。

通常，悲伤会让人感到非常不愉快，[4] 但也有人在有的时候会享受悲伤。你能想到悲伤并不会令人不快的例子吗？也许你喜欢感到悲伤，或者感觉悲伤能让你"情绪饱满"？

催泪电影是电影业很重要的一部分。这种所谓的"煽情电影"证明了我们有时确实喜欢感到悲伤。同样，许多流行音乐都以悲伤为主题。不同的文化中，悲伤也有着不同的意义。在17世纪的英格兰，悲伤代表一种美德；在南太平洋卡罗利来群岛原住民中，悲伤代表慷慨和成熟；在斯里兰卡，悲伤则代表思想深度。[5] 悲伤令人愉快的方面可能与其功能有关，我们稍后再议。

英文单词"depression"来自拉丁语"deprimere"，意思是"逼迫"或"压抑"。医学界用这个术语来描述在极端和长期悲伤的情况下出现的失落情绪。抑郁症在医学和情绪领域很常见，有时会与"临床"一词搭配使用来强调其重要性，例如"临床抑郁症"。在本书中，我们将避免使用抑郁这个词，以免读者从医学术语的角度看待自己的情绪（原因见引言）。以这种方式看待悲伤会让我们误以为自己"拥有"一些我们可以"摆脱"的东西。使用"心情"一词也有类似的问题，会让我们想到"心情低落"或"心情不好"，从而误以为通过努力就能预防或克服。在本书中，我们会将"抑郁"或"心情低落"视为人们陷入情绪陷阱的状态。大多数情况下抑郁指的是陷入悲伤陷阱，有时也指陷入内疚陷阱或羞耻陷阱。我们不可能摆脱情绪本身，但改变应对情绪的措施可以帮助我们摆脱情绪陷阱。本章后半部分将重点讨论如何走出悲伤陷阱。第五章会介绍内疚陷阱，第六章会介绍羞耻陷阱。

回顾一下练习 2.1，想想你用来描述自己感受的词语。也许你用了"抑郁"这个词，还有什么其他词语吗？或者是否还有更合适的词语？随着悲伤程度越来越深，我们有一系列形容悲伤的词语，包括忧郁、失望、阴沉、悲惨、沮丧、孤单、凄凉、黯淡、伤心欲绝、绝望、可怜等。

如前所述，悲伤是一种情绪，不仅代表着失去，还代表着深深的限制感和无力感。悲伤越深，限制感和无力感就越深，结果往往就会演化成极度悲伤，伴随着无力感和绝望。失去所爱，却无能为力，再加上希望渺茫，通常也会导致一种万念俱灰的感觉。每当这时，想想自己是否陷入了悲伤陷阱，可能会对你有所帮助。

2. 身体反应

悲伤对身体影响巨大。在练习 2.1 中，你可能写下了一些身体上的感觉。本书引言部分概述了神经系统的两个部分，即交感神经和副交感神经。人们感到悲伤时，副交感神经系统就会被激活，起到制动作用。

副交感神经状态就像汽车的刹车踏板，让人体的活动慢下来，节省能量，并减缓消化、吸收与排泄的速度。我们的心率减慢，肌肉放松而沉重，瞳孔收缩、晶状体聚焦，身体开始积蓄能量。这种状态被称为"休息和消化"。

> 悲伤是唯一受副交感神经系统活动（休息和消化系统或制动系统）支配的情绪。

悲伤对身体的强烈影响也是其特征之一，人们把强烈的悲伤叫作"抑郁症"，就像是一种施加在我们身上的外力。有的文化似乎刻意避免描述悲伤，因为他们将悲伤视为危险的外部力量，必须要克服掉。[6]

3. 面部表情

悲伤往往溢于言表。我们悲伤时，脸部会下垂，表情特征缩小，没有很明显的表情，但是还是能向他人传达出我们的情绪。悲伤的表情往往会让其他人想要靠近我们，这与悲伤的功能有关，本章稍后将进行探讨。与悲伤相关的最典型的面部特征之一是哭泣，这是一种强烈的情感信号。

4. 思维

悲伤会让我们想一个人静静，寻找某种意义。时间久且强度高的悲伤感会带来长期的思考。在练习 2.1 中，你的大脑里的各种念头往往是悲伤的重要组成部分。

我们的所思所想都集中在失去的东西上。我们可能会不断回忆，记住事情的经过，幻想其他可能会有的结局。我们会思考失去的那一瞬间、失去的原因、失去是否值得，以及有没有挽回的机会。

我们也可能会考虑自身的局限性，专注于我们做错的、不能做的和必须做的事情。对于这种失去背后的含义，我们可能有很多想法，比如"我没有自以为的那么好"。大部分人都可能认为自身具有局限性，例如"我真没用"或"我真无趣"，这些想法会导致羞耻和悲伤（见第六章）。

正如前文所说，悲伤促使人们寻找意义。我们感到悲伤时，许多想法可能与悲伤本身直接相关，比如"我为什么这么悲伤？"或"我为什么会有这种感觉？"

我们在悲伤时不仅想法不同，思维方式与平时也不同。例如，我们往往更容易记住悲伤时光，不太能读懂别人的情绪表达；还有可能只关注小事，忽略大局。当我们展望未来时，我们也往往会否定自己的能力，觉得注定要失败。这些影响叫作"认知偏见"（cognitive biases）[①]或"消极思维方式"（negative thinking styles），这种心态通常可以看作是抑郁的一部分或抑郁的结果。但这些现象不仅与所谓抑郁症这种极端情况有关，也和悲伤有

① 认知偏见，又称认知偏误或认知偏差，是一种有特定模式的判断偏差，主要是由于人们以根据主观感受而非客观资讯建立起的主观以为的社会现实所致。——译者注

关。任何人感到悲伤时，都会有这种思维方式。[7]

当我们极度悲伤时，这些思维方式会让我们有更极端的想法，比如"现在已经是满盘皆输，山穷水尽了"或"我死了算了"。在强烈的悲伤中，这些想法很常见，尤其在因为死亡而导致的悲伤中。如果这些想法久久无法散去，而你又想将其克服，这表明你在处理悲伤的时候出了问题，这一点将在悲伤陷阱部分中讨论。

5. 行为

当你在练习 2.1 回忆悲伤的时候，你做了什么？我们在难过时通常会变得萎靡，比如取消计划、避免见面、待在家里，甚至还会躲进被窝。我们想远离刺激，离群索居，寻求安静和独处。一个关于足球的例子可以体现出这种萎靡不振的状态。在一场重要的足球比赛结束时，获胜的一方会互相拥抱，共同享受胜利的喜悦。而失败的一方则会坐在球场上，垂头丧气或四散而去。

虽然我们经常在悲伤时远离他人，但有时也会向他人寻求安慰，对象通常是那些与我们最亲近的人，比如家人或密友。这两种行为之间存在着某种冲突，我们渴望独处，但是也渴望他人的安慰和帮助。当我们感到悲伤，想寻求独处，但又因为感到孤独或遭到无视而生气时，就会感受到这种冲突。这种冲突由我们内心的欲望和我们对他人的期望引起。有些文化背景下的人们倾向于以关怀、共情和同理心来应对悲伤，而更多文化背景下的人则倾向于选择拒绝和愤怒。这一点在悲伤陷阱的部分会进一步讨论。

当悲伤变得强烈，无力感和绝望占据主导地位时，结束生命的想法可能真的会导致自杀行为。这一点在悲伤陷阱的部分会进一步讨论。

（三）悲伤的作用是什么？

悲伤很重要，因为它能够向我们和周围人发出信号，表明状况很糟。有时，悲伤的目的是让其他人与我们感同身受，这样他们就能顾及我们的感受，或是想办法让我们好受些。当我们感到悲伤想要退缩时，通常会躲到一个让自己有安全感的地方，在那里我们可以得到安慰和照顾。对儿童来说尤其如此，他们的悲伤通常表现为哭泣，只要一哭，很快就会有成年人来帮助他们。[8]

简而言之，悲伤使我们放慢脚步，思考自我，取消或减少我们的日常活动，仔细斟酌和重新审视我们的生活。这些都会为我们的生活方式带来重要变化。想想你上一次做出人生重要抉择是什么时候，比如转学、跳槽、搬家，还有开始或结束一段恋情。是什么让你做出了决定？你在做出决定之前有什么感觉？人生中的许多重要决定都是在悲伤过后做出的。做出这些改变通常会带来一种感觉，让我们觉得与那些很重要的人和事有了更多联系。从这个意义上说，悲伤的情绪与萎靡和思考的倾向极其重要。如果我们尚未正确理解悲伤，就试图抑制或减轻悲伤，就可能会无法做出决定，犹豫不决。

有时，我们的悲伤也会传递给他人。很多让我们难过的事情，也会让别人难过。这个理论或许能解释你在练习 2.1 中举的例子。当悲伤将我们聚在一起，它会通过同理心加深我们彼此的联系。也许这就是为什么悲伤有时会让我们感觉良好，感觉很健康，或感觉自己被人需要。无论是亲人还是朋友，甚至是电影或书中的角色，我们只要向他们哭诉，就会感觉不那么孤独，与周围人的联系也更紧密。我们与他人建立联系时，就会感到快乐和幸福（见第七章），而这种联系一旦被打破，悲伤就会随之而来。这种悲伤将我们团结在一起，维持着彼此之间的社会纽带。

死亡最能引起悲伤，悲伤时的想法也都与死亡有关。全世界的人，无论是来自哪种文化背景，都会举行葬礼来纪念亲人的离去。逝者的亲朋好友聚在一起，哀悼他们的逝去，缅怀他们的一生，让彼此之间更加亲近。这是一个悲伤的时刻，但也是彼此之间紧密连接、回顾往昔的时刻。失去亲人让我们思考自己的死亡，珍惜眼前人与我们剩下的时间，这常常会改变我们的生活方式，重新选择当下要做的事情。

> 悲伤说明现在处境不佳，催使我们做出重要的生活改变；
>
> 悲伤将我们凝聚在一起，加深联系、鼓励关怀与支持彼此。

二、悲伤时要忍耐悲伤并采取有效措施

当我们失去所爱或者感到受限时，就会觉得悲伤，而悲伤会让我们停下脚步，反思自我。我们的身体能量水平变低，日常活动暂停，我们开始思考。

在练习2.1中，你需要回想一次自己感受到强烈悲伤的经历。你做了什么？结果如何？本部分将概述一些应对悲伤的办法。当你感到悲伤时，这些方法都能派上用场。如果你发现自己没法排解悲伤，那么你可能已经进入了悲伤陷阱，本章稍后会对此进行说明。

悲伤就好比一张请帖，请生活停下潦草的步伐，让人思考当下的生活方式和生活重心。假装岁月静好、自欺欺人，就像无视警告标志一样不可取，所以，我们需要接受悲伤、容忍悲伤，留出时间思考如何排解。我们的思维方式也会受到悲伤的影响。悲伤的时候，我们会倾向于去回忆更多难过的时候，目光狭隘，万念俱灰。但是想得太多可能会导致误入歧途，或者身陷悲伤之中无法自拔，你可能有过类似的经历。所以我们需要停止思考，行动起来。在悲伤过后，可以尝试遵循一种思考—行动—思考—行动—思考—行动的生活模式。这意味着我们可以通过思考来尊重悲伤的重要性，但也不会迷失在悲伤中或被悲伤淹没。

适当远离尘嚣绝对是个处理悲伤的好办法。减少一些日常活动，而不是像以前一样盲目前行，这样对缓解悲伤很有帮助。回到让我们有安全感的地方，多花时间与亲人相处，才是正确的选择。这些行为可以带来慰藉，但同样，我们也需要确保自己不要过度寻求慰藉，我们需要与他人保持适度联系，向他们倾诉自己的处境与感受。

思考也应该能让我们调整生活方向，听从本心，重新出发。我们可能需要请个假，回家看看，做些自己感兴趣的事情，用不同的方式来保持身心健康。这么做可能会给生活带来天翻地覆的变化，例如开始或结束一段恋情或者换一份工作。

练习 2.3 已将这些想法归纳总结，这样在你感到悲伤的时候就可以直接运用。这能帮助你认识到悲伤的重要性，并留出时间和空间来反思、与亲近的人建立联系。这还能让你更清晰地认识到对你来说真正重要的东西是什么，帮助你调整生活目标。举个例子说明一下。

练习 2.3 排解悲伤

这些问题示例可以帮助你排解悲伤。根据对悲伤及其重要性的了解，以及它对思考和行为方式可能产生的影响，我们将这些示例进行了分组。

体会悲伤：

悲伤很重要，我需要明白它对我意味着什么。

我有什么感觉？

是什么让我悲伤？

眼下这件事与悲伤有什么关系？

陷入困境：

我知道悲伤会影响我的思维方式，我可能无法像往常一样思考。

能否从其他角度看待这件事？

这种情况下，其他人可能会对我说什么，或者我可能对其他人说什么？

能否把眼光放长远一点？

有什么事情进展顺利？我的哪些行为可取？

我能做些什么让自己停止钻牛角尖？

与人联系：

悲伤会让我想打退堂鼓。为避免一味退缩，我可能需要出去见见人。

谁可以听我诉说？

有谁我可以去跟他见面但是不用诉说我的悲伤？

谁能帮助我？

思考出路：

悲伤很重要，我需要明白该如何应对。

有什么我可以做的吗？

不管这些方法有多愚蠢，我总共有多少出路？

这些选项中哪个最好？为什么？

我需要帮助吗？

　　乔治的父亲大病了一场，不久之后就去世了。乔治和父亲的感情很好，所以接到噩耗后，乔治伤心欲绝，不知如何是好。他彻夜未眠，以泪洗面，不知道该如何面对以后的生活。第二天早上，乔治的母亲打电话向他求助，因为葬礼的筹备工作复杂琐碎，老太太一个人忙不过来。乔治与他的父亲一样，务实能干，他也一直为自己可以成为像父亲一样的人而自豪。于是，乔治立刻动身去帮助母亲。接下来的几天，这些事情让乔治忙得不可开交，他觉得自己帮助了母亲，也表达了对父亲的尊重。虽然乔治还是会时不时为父亲的离去感到悲伤，但他也开始思考自己要在葬礼上说些什么，这能帮助他整理思绪，给自己找到新的生活目标。葬礼进行得很顺利，乔治对此十分满意。他与许多亲朋好友久别重逢，大家陪他一起谈谈关于父亲的事情，聊聊父亲是一个怎样的人。在接下来的几个月里，乔治依旧会为父亲的离去感到非常悲伤，但他也开始重新思考自己的生活和价值。乔治决定做出改变，开始新的生活，让自己和父亲都为之骄傲。

三、悲伤陷阱：悲伤的问题（"抑郁"）

　　本书把心理健康"障碍"和情感困难理解为情绪处理不当的问题。本节着眼于我们在处理悲伤时可能遇到的问题，这涉及一系列悲伤的问题，包括确诊为抑郁症、重度抑郁症、双相情绪障碍（bipolar disorder）[①]、环胸腺障碍、季节性情绪障碍或持续性抑郁症等经历。这些经历都涉及人们在处理悲伤情绪时遇到的重大困难，其中一部分还涉及其他情绪，如内疚（见第五章）、羞耻（见第六章）或不快乐（见第七章）。

悲伤来临时，我们往往会萎靡不振。当我们感到悲伤时，会觉得有气无力，孤独寂寞。但是悲伤在我们的生活中也发挥着重要作用，因为这种状态可以让我们重新评估优先事项，加深与他人的联系，过上充实而幸福的生活。可是，如果我们把握不好尺度，过于孤僻，就会让自己陷入孤立无援的处境。这种过度萎靡会通过两个过程（放大和加倍），从而加强失落感和限制感。

（一）放大

悲伤对我们的思考方式影响深刻。悲伤时，我们往往会想起过去不愉快的时光，对未来心灰意冷，甚至否定自我。如果我们过度萎靡，花太多时间钻牛角尖，这种情况就会越来越严重，放大我们的失落感和限制感。

---

① 双相情绪障碍，又名双相障碍，是一种既有躁狂症发作，又有抑郁症发作（典型特征）的常见精神障碍，首次发病可见于任何年龄。——译者注

（二）加倍

过度萎靡意味着我们最终会失去更多，还会让我们更加畏手畏尾，不敢放手一搏。如果我们因为一段关系的结束而疏远所有人，那么我们就会失去与所有人的关系，而不仅仅是这一段关系。如果我们认为自己无法做某事并因此放弃，那么我们就会变得更加无能、更加受限。

过度退缩会导致我们不断失去、不断受限、徒增悲伤，最后孤苦寡匹。这个循环就是所谓的悲伤陷阱（图 2-1）。[9]

图 2-1　悲伤陷阱

举例说明悲伤陷阱的原理。

康拉德善于交际，喜欢与家人和朋友在一起。他很受欢迎，因为他总是能将人们聚集在一起，给大家找点乐子。康拉德经营了一家公司近十年，不久前倒闭了，他不得不裁掉仅有的两名员工，自己也从此失业下岗。两名员工很快找到了新工作，但康拉德却苦苦挣扎，两个月来都无所事事。康拉德曾经花费了大量时间经营企业，现在却发现自己还在为生计苦苦挣扎。这天，康拉德上午在家忙碌，计划下午做些别的事情，或继续申请工作。他非常担忧自己无法在失业这么久后胜任新工作，于是，他下午没有去申请工作，剩下的时间里他都在看电视。虽然康拉德还能见到家人和朋友，但他不再像以前那样张罗活动，也变得少言寡语。他解释这是因为他提供不了什么，也没什么好说的了。

康拉德失去了自己的公司和工作，损失惨重，这让他非常悲伤。许多无法处理好悲伤情绪的人都能把自己目前的处境归咎于一个重大挫折。[10] 正如我们所料，康拉德受到了悲伤的影响，他陷入萎靡不振的状态，把时间花在回忆过去的痛苦上，想找出原因。但康拉德发现自己很难再重整旗鼓，导致自己越来越失落。康拉德不仅失去了自己的公司和工作，还失去了与周围人的联系，他甚至开始觉得自己变得无趣，无法为大家带来快乐。这种萎靡不振也让康拉德觉得自己无法再工作，这是一种限制感，让他在悲伤陷阱里越陷越深。康拉德的悲伤陷阱突出了这些因果关系（图 2-2）。

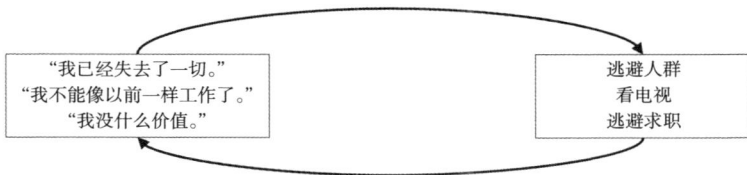

| "我已经失去了一切。"<br>"我不能像以前一样工作了。"<br>"我没什么价值。" | 逃避人群
看电视
逃避求职 |

图 2-2　康拉德的悲伤陷阱

再举一个例子。

珍妮与自己的母亲和姐姐住在一起。珍妮一直忙里忙外，不是在忙，就是在去忙的路上。她很重视自己能够完成工作的能力。珍妮热爱自己的工作，也会经常和朋友出去玩，还加入了当地的曲棍球队，参加训练和常规比赛。在过去的几个月里，珍妮请过一两次病假，因为她实在不想出去，不过第二天她就回去正常上班了。但之后，不知道为什么，珍妮觉得自己越来越没精打采，工作也没有什么动力。她开始宅在家里，得过且过。她与外界的联系越来越少，即使有人邀请她出去，她也觉得自己可能不会像过去一样快乐，所以干脆就待在家里。慢慢地，珍妮错过的活动越来越多，见的朋友越来越少。她还缺席了很多场曲棍球比赛，请病假也越来越频繁，珍妮觉得自己"失去了信心"，无法好好工作，也不再擅长打曲棍球。她感到自己每况愈下，一事无成，往日的青春活力已经不在。

在这个例子中，珍妮处理悲伤时遇到的困难并不能归咎于一个明确的重大损失，而是缺乏动力。重复的日常让珍妮失去了好好生活的动力，于是开始萎靡不振，进而越来越悲伤，损失感和限制感也越来越强烈。珍妮越是觉得自己和以前不一样，越是觉得自己能力不足，就越是悲伤，越是萎靡。珍妮以前的日子充实而快乐，现在却和许多人断了许多联系。她再也不是从前那个手脚勤快的珍妮了，她只觉得畏手畏尾，以前能办到的事情现在无能为力了。珍妮发现自己很难向其他人解释发生在自己身上的事情，因为触发因素似乎不足以解释她为什么会觉得悲伤，但她的悲伤、萎靡以及她所感到的失落感和限制感却真实存在。珍妮的悲伤陷阱突出了这些因果关系（图 2-3）。

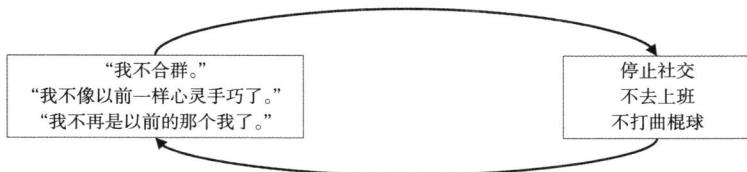

图 2-3　珍妮的悲伤陷阱

再举最后一个例子。

夸梅已经结婚十年了，然而他的妻子却突然提出了离婚。第二周，妻子真的走了。夸梅非常失落，仿佛一夜之间生活已是天翻地覆。很长一段时间里，夸梅不知道该怎么独处，因为他以前总是和妻子形影不离。他开始思考妻子为什么要离婚，一遍遍回想自己过去犯的所有错误。夸梅不知道如何将离婚的事情告诉朋友们，于是他推脱了朋友们的邀约，结果导致越来越不想见到他们。夸梅也不做家务了，水池里的碗碟堆得满满当当，屋子里乱七八糟。夸梅不希望有人来做客，因为家里实在太乱了，让人看到会让自己很尴尬。夸梅的母亲来看望他时，对他的懒惰和得过且过大发雷霆。她希望夸梅走出离婚的阴影，继续生活，但夸梅消极应对。后来，母亲也很少来看望他，因为她觉得夸梅太不争气了。夸梅倒是还在继续上班，但他的生活过得一地鸡毛，后来，他甚至认为都是因为自己太懒，妻子才觉得他不值得共度余生。

在这个例子中，夸梅失去了妻子，所以感到悲伤，他的生活自此开始变得越来越糟糕。离婚带来的悲伤让夸梅一蹶不振。夸梅在试图弄清楚妻子提出离婚的原因时，一直关注的是自己的不足，这放大了他的局限感，让他更加悲伤、更加萎靡不振。这种萎靡不振导致他失去了更多，例如与朋友和家人的联系。夸梅对家务的逃避也加深了他的局限感，让他觉得自己不能照顾好自己（图 2-4）。

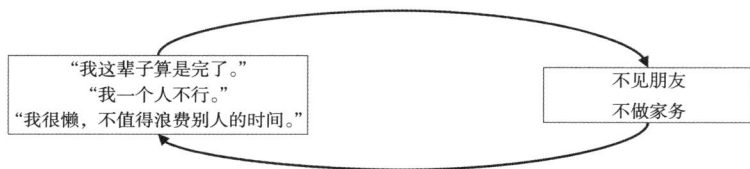

图 2-4　夸梅的悲伤陷阱

夸梅对自己的看法和局限感也会让他感到羞耻。妻子离婚出走，让夸梅觉得自己配不上妻子。处理悲伤时遇到的困难与处理羞耻感时遇到的困难往往有相似之处。好在许多减轻悲伤的办法与减轻羞耻感的办法相通，关键在于我们首先要了解这两种情绪。羞耻感于第六章有详细介绍。

在上文两个人的例子中，悲伤陷阱都让他们越来越萎靡，从而导致了越来越多的损失、限制和悲伤。珍妮和夸梅发现自己在生活中萎靡不振，失去的东西越来越多，受到的限制也越来越多。珍妮不仅失去了与朋友和同事的亲密关系，还在生活的方方面面否定自己的能力。夸梅失去了妻子，而且由于深陷悲伤陷阱无法自拔，他还觉得自己失去了朋友和家人，失去了照顾自己的信心。这方面也是由于他受到了其他人的负面评论，比如他的母亲。

> 当我们过于萎靡时，悲伤就会放大和加倍损失和限制的感觉。

康拉德、珍妮和夸梅都可能被诊断出抑郁症，需要接受治疗，但是他们与其他人在本质上其实并没有不同，大脑化学物质也完全一样。他们三个人的问题只是在面对悲伤时过于萎靡不振，导致自己深陷悲伤陷阱。他们也可能在与其他情绪作斗争，比如内疚和羞耻（详见本书其他部分）。

本章前面提到，悲伤与同理心和寻求他人的关怀有关。然而，悲伤往往也会让人们远离你，因为人们会排斥过于悲伤的人或讨厌与过于悲伤的人相处。这有很多种解释，其中最主要的一个解释是，悲伤会传染，让双方都进入消极状态。感到悲伤时，我们会萎靡不振，重新审视自己的生活。人们似乎知道什么是"适当"的萎靡程度，也知道什么时候应该振作起来，重新出发。当我们花了很长时间都没有振作起来，或者过于陷入消极状态时，其他人就会感到失望，不再关心我们。这种情况在悲伤陷阱中最为常见。悲伤的人们往往会过于萎靡不振，其他人的态度也可能会导致我们越陷越深，让我们的不足越发明显，也让我们失去的东西越来越多。对夸梅来说，母亲躲着不见他，让他越发觉得自己能力不足，从而让他失去了更多东西。练习 2.4 会帮助你绘制自己的悲伤陷阱。

练习 2.4　绘制自己的悲伤陷阱

如果你觉得自己陷入了悲伤陷阱，请尝试将其绘制出来。

先想想损失。悲伤的原因是什么？你是否失去了对你来说很重要的东西？还是你不得不接受了自己并不想要的东西？如果没有什么具体的起因，没关系，请看下一部分。

想想长此以往，你可能会失去什么。有什么东西你曾经拥有，现在却失去了？你现在的生活和在感到悲伤之前有什么不同？

你在什么事情上会萎靡不振？有没有什么事情你以前经常做，但是现在不做了？有没有什么人你以前经常见，现在却很少见，甚至根本不见了？你是否改变了与他人互动的方式，例如，是否变得更加疏远？你是否变得没精打采，不再主动接近他人，而是保持被动，等待别人来接近你？

现在想想你的局限性。你怎么看待自己？你是否认为自己比以前无能？你觉得自己在哪些方面做得不够好，或有所欠缺？你因为什么事情为难，或希望自己能加强哪方面的能力？

请你想想悲伤陷阱不同部分之间的关系，确保自己考虑周全。

四、走出悲伤陷阱

悲伤陷阱概述了我们感到悲伤、萎靡、失落和限制感时的情况。我们需要理解这个过程，以便思考自己可以做些什么来摆脱悲伤陷阱。这些方法基于认知行为治疗的最有力证据。[11]

（一）减少过度萎靡：行动起来

悲伤陷阱强调了过度萎靡与日益增加的损失和限制之间的联系。如果我们可以减少萎靡，行动起来，就可以打破这个联系，走出悲伤陷阱。当然，说起来容易做起来难。当我们陷入悲伤陷阱，感觉很糟糕时，要行动起来其实是很困难的事情。然而，行动起来确实是改善状况最重要的方法。当然，光是行动本身还不足以让我们走出悲伤陷阱，但它是让自己好起来的起点。

> 行动起来是走出悲伤陷阱最重要的一步。

即使行动起来让我们感到困难重重，但是我们还是可以一步一步来。这个过程是认知行为治疗中常用的干预措施，叫作行为激活[①]（behavioral activation），其疗效已得到证明。[12] 练习 2.5 会

---

① 行为激活，指制订行动计划并将其付诸实施，以行动对情绪的反作用来促进心理的好转。——译者注

帮助你将这些理论付诸实践。

练习 2.5 行动起来

用日记或表格记录每一周的日程。最好边做边记，因为我们悲伤时，思维方式会改变，这意味着我们会从一种比实际情况更加悲观的角度来记忆当下。你可以写日记，也可以画一张表，按照周一到周日的顺序，在表上标清楚日期，以及每天的早上、下午、晚上；你还可以用其他方式编排表格，或使用应用程序。无论你使用什么办法，都要保证表格简洁明了，以便随时随地记录。

翻阅日记，想想活动的数量、类型和经过。哪方面的活动需要多增加一点儿？你需要做些什么才能改变现状？权衡一下你目前做的事情太多还是太少？你是否在获得成就、人际交往和愉悦享受的活动（ACE）之间取得了大致的平衡——我们可以将人类的活动分为三个类别（简称 ACE）：带来成就的活动（A，即 Achievement）、人际交往的活动（C，即 Connected）和令人愉悦的活动（E，即 Enjoyable）。

现在，另起一份记录，拟定自己下一周要做的事情。记住，你定的目标要小，这样你只需要对上周所做的事情进行细微调整，甚至也许只有一两件事情需要调整。要记住，目标要具体，要明确何时、何地、如何做，以及与何人一起做这些事情。确保你所计划的新活动能按照 ACE 三原则保持平衡，

例如，不要把所有家务活或所有琐事都揽到自己身上。

看看你给自己安排了什么事情。你看计划表的时候感觉如何？如果你自信满满，有一种"我能做到"的感觉，那证明你的计划表确实可行。如果你感到如牛负重，不知所措或力不从心，那证明你安排的事情太多了，需要将它们拆成一件件小事慢慢来。

当你需要调整安排时，记得每周都要回顾一下日记。

1. 行动起来

行动起来，顾名思义，就是要有所作为。有时我们会行动起来，希望能让自己感觉好受一点，或者让其他人不再为难我们，或者起码不要感觉那么累。这些都是长期目标，而非短期目标。当我们试着行动起来，并且是真的付诸行动了，那我们就成功了。想象一列火车沿着轨道行驶，车厢跟在后面，我们只能控制引擎，引擎就是我们的所作所为，也就是我们需要改变的部分；我们的所思所感，我们和他人的想法，都像火车车厢一样跟在后面，牵一发而动全身。因此，当我们试图行动起来且行动了就是成功了，剩下的自然就水到渠成。

2. 把握当下

下一步是考虑我们已经做的事情。还记得我们悲伤时大脑的运作方式吗？我们可能会为了一点小事斤斤计较，只去想消极的一面，对未来心灰意冷，否定自己的能力。种种迹象表明，当我们在考量自己的所作所为时，可能会低估其分量，或者会忽略许多事情的意义。如果我们长时间陷入悲伤陷阱，失落感和限制感都会增加。我们必须准确把握眼下的事情，避免继续失去，避免放大限制感，我们会意识到，自己实际做的远比想象的要多。

3. 解决问题

一旦我们知道自己该怎么做，下一步就是思考自己行为的问题出在哪儿。我们知道自己处于萎靡的状态，还需要更详细地知道自己萎靡到了何种程度。有三大原则可以帮助我们更好地了解自己的萎靡程度[13]。

（1）萎靡的两面性

过度萎靡通常会导致我们做得太少，不过有时可能也会有相反的情况出现，例如，让我们牺牲做其他事情的时间，全身心投入工作。当我们在两者之间达到一个平衡点时，我们既能感到忙碌，又能为意料之外的事情留出时间，或者在有需要的地方调整计划，重新安排。

（2）平衡各种活动

不同的活动具有不同的价值，可满足不同的需求。带来成就的活动指那些我们不一定喜欢做，但事后会让我们感到高兴的事情。这些事情包括洗漱整装、出门上班。人际交往的活动就是与他人建立关系纽带的活动。这些活动包括与超市里的人聊天、与家人交流或参加聚会。令人愉悦的活动指我们为自己而做的事情。我们往往会享受这些时光，包括看电视、读书、散步或做运动。当然，有些活动不局限于一个类别。例如，体育训练可能会同时满足这三个方面的标准。在日常生活中，所有人都需要在这三类活动（ACE）之间取得大致的平衡。

（3）惯例

惯例和体系对我们人类来说非常重要。如果世界一片混乱，毫无规律可循，那我们就没办法掌控任何事情。惯例和体系带来重复，让我们觉得自己可以产生影响，拥有某种程度的掌控力。悲伤陷阱与限制感有关，因此，我们去感受惯例和体系的存在，可以有效地帮助自己摆脱限制感，获得控制感。遵循惯例，我们也需要把握平衡。惯例太多，约束就会多，有时会让我们感到喘不过来气，感觉没有放松的空间。

4. 安排活动

我们可以翻看自己的日记，结合以上三大原则，看看可以调整哪些活动，以改善近况。如果有的事情做得不够多，我们可以尝试加量。但是当我们加量时，要确保把三个类别的活动都涵盖到。如果这三个类别的活动无法达到平衡，我们就无法改善近况。

悲伤陷阱还会放大我们的不足，让我们觉得自己不如想象中那么好。因此，当我们行动起来时，最好先一步一步完成小目标，最后总能获得成功。当我们小有成就后，就会重新平衡自我意识，降低限制感。所以我们最好把目标定得低一点，让自己觉得触手可及，而不是好高骛远，徒增挫败感。

我们还要明确知道自己什么时候该干什么。行动起来并不简单，所以我们要想实现目标，最重要的是要将事情拆成一小步一小步来做，明确自己的期望。

判断是否达到平衡的方法之一就是问问自己，我们在看计划清单时有什么感受。正常情况下，我们应该感到干劲儿满满，脑海里会有"我想我可以做到"和"这计划看起来还不错"之类的想法。如果我们在看到清单时感到有压力，不知所措，力不从心，就说明目标定得太高了，我们需要精简计划，找到平衡。练习 2.5 会帮助你将这些理论付诸实践。

> 我们需要在获得成就、人际交往和愉悦享受之间取得平衡，将目标定得小而具体。

我们通过前面举的例子来说明如何将这些想法付诸实践。

珍妮想开始尝试改变现状的话，她能做什么？有什么需要特别注意的吗？

虽然珍妮还在照常上班，但她的生活模式变得单调枯燥，越来越自我封闭、与世隔绝。对珍妮来说，以前参与的许多活动现在还是能派上用场，所以她可以尝试重整旗鼓，回到那些活动中去。珍妮觉得自己有许多不足，所以设定目标对她来说很重要，否则，她只会越发觉得自己能力有限。

　　康拉德面临的挑战则略有不同。由于公司倒闭，他目前的生活和过去确实大相径庭，他不得不另谋出路。他能做什么呢？

　　康拉德似乎陷入了一种死循环，那么他的首要任务就是尝试一些新鲜事，摆脱死循环。康拉德接下来要做的事情必须是他以前从未涉足过的。他需要做一些自己从未做过的事情，这些事要给他带来成就感、联系感和愉悦感。康拉德必须慢慢重塑信心，相信自己完全可以独当一面。他必须要好好计划自己需要做的事情，可以先从一些助人为乐的事情开始（比如志愿服务），也可以是一份兼职，或者在没有太大压力的情况下开始一个小项目，实现自力更生。当康拉德开始走出悲伤陷阱，他就可以尝试恢复到原来的状态，或者考虑做一些全然不同的事情。

　　夸梅在妻子离开后，便不再与朋友见面，也不再和家人说话。他每天无所事事，过去他和妻子形影不离，而现在却形单影只，但好在他还在继续上班。当夸梅想要开始新的生活时，你认为他应该注意什么？

　　夸梅还在上班，所以他的生活中还保留有过去的一部分体系和惯例，他自己也正在做一些有助于获得成就感的事情。不过他做得还不够，因为他很少与外界联系，也很少做让自己开心的事情。夸梅可以与家人和朋友再团聚，这有助于他摆脱悲伤陷阱。他可以从家人和朋友中挑选一个人，在接下来的几天里多多联系。夸梅家里乱七八糟，这会妨碍他邀请亲朋好友来家里做客，所以他可以每天给自己安排做一些家务，把屋子打扫干净。夸梅还可以考虑做一些自己喜欢的事情。这些事情可以独立完成，也可以和别人一起进行；可以是他曾经做过的，也可以是他想尝试的新事物。从小处着手对夸梅来说很重要，这样才能看到胜利的曙光。例如，夸梅一天只需要整理一个厨房台面，给一位朋友发信息，这两件事大概率不会让他感到有压力，但会让他感觉自己已经迈出了第一步。好的开始可以帮助夸梅感觉到他正在为自己做一些积极的事情，这可以帮助他克服限制感、建立信心，让他相信自己可以通过实践走出悲伤陷阱。

（二）克服限制感：挑战思维

请记住，悲伤总是与限制感相关联。接受失去就意味着承认自己无法做任何事来挽回损失。我们都有自身局限性，世上总有我们无能为力的事情。然而，悲伤陷阱强调了当我们感到悲伤时，我们的大脑会如何放大失落感和限制感。行动起来是克服失落感和限制感的好办法，因为这样我们就不会像之前那样受到种种限制。但有时我们会觉得难以自控，深受这种思维的束缚。

康拉德觉得自己无法好好工作，也无法为大家带来价值。这些思维是他放大自身局限性的结果，这使得他无法走出萎靡的状态，也无法行动起来，例如，另谋出路、交朋友。康拉德的想法是"我已经失去了一切"，这种思维放大了他的失落感，阻碍他做出改变。

不让这种思维膨胀是摆脱悲伤陷阱的一个重要方法。下面概述的思维过程是认知行为治疗中另一种常见的干预措施，被称为"挑战思维"。许多研究表明，这种方法可以帮助我们解决各种困难。[14]

1. 识别与悲伤陷阱有关的思维

我们要注意刚刚提到的思维。大多数时候，我们的潜意识里隐藏着一种思维，但是我们通常不会细想。这些思维往往对我们很有帮助，让我们可以思考和理解周围的事物。陷入悲伤陷阱的康拉德的思维不怎么好用，也不完全准确。我们需要识别哪些思维最常见，以及哪些思维与悲伤陷阱关系最密切。这些思维很可能与我们的限制感有关，通常以"我"开头，与特定情况相关联，例如"我永远无法做到这一点"或"我无话可说"。

一旦我们识别出与悲伤陷阱有关的想法，就可以对症下药了。挑战思维的方式主要有三种。第一种是看看哪种思维模式可能会放大我们的限制感，第二种是检验该思维模式的痕迹，第三种是检验这种思维方式的益处。

2. 识别消极的思维方式

当我们感到悲伤，尤其是陷入悲伤陷阱时，我们的思维方式就会发生变化。事实上，我们往往更有可能陷入某些特定的思维方式，如表 2-1 所示。识别出我们最常出现的两种或三种思维方式，可以帮助我们意识到我们的思维在什么时候走上了岔路，加剧了悲伤陷阱。

表 2-1　十种消极的思维方式 [15]

思维方式	说明	范例
非此即彼	世间万物只有两个极端（非黑即白）。极端式思维往往表现为"要么……，要么……"	"我要么完美完成任务，要么就会搞砸。" "人们要么很喜欢我，要么很恨我。"
以偏概全	把一次偶然事件视为永久性规律	"我总是拿低分。"（出现在拿了一次低分后） "没人会想和我在一起。"（出现在遭到爱慕之人拒绝后）
思维过滤	只强调局部元素，自动过滤掉其他积极面	"我穿着这条裙子时看起来很丑。"（有九个人称赞你在穿这条裙子时看起来很美，只有一个人说领口看起来不好看，而你只纠结于第十个人的看法）
漠视积极	漠视积极的一面。把好事都归结于运气，把别人的夸奖归结于善意，给自己立下双重标准	"我很幸运，刚好事情有所好转。" "他们这么说，是因为他们喜欢我。" "这其实一点都不难。"
主观臆断	没有任何证据支撑，将主观想法直接臆断为客观事实，包括揣测人心和对未来下结论	"他们觉得我很笨。" "他们很明显是在笑话我。" "今天我一定会倒霉。"
消极翻番	夸大负面因素的重要性，忽略正面因素的重要性，从而总结出不当的结论	"我永远也跨不过这道坎。" "一切都糟透了。"
感情用事	听任自身负面情绪来阐释现实	"我觉得无望，所以我的问题没办法解决了。" "我觉得很痛苦，我人生中每一件事一定都糟透了。"

续表

思维方式	说明	范例
口号滥用	"应该""必须""应当"等口号类用词往往会暗示一种拒绝事物原本样貌的态度。这些词语象征了一种批判性思维方式。当思维对象是我们自身时，会让我们感受到有压力和麻烦。当思维对象是他人时，会让我们感到愤怒和沮丧	"我应该有更多朋友。""我现在应该有一个伴侣。""我应该有一个更好的工作。""我必须要取悦所有人。""他们不应该那样做。"
乱贴标签	总是描述有这种行为的人的特征，而不是描述这件事情本身	"我是彻头彻尾的失败者"，而非"这件事本身就有很严重的问题。""我很没用"，而非"他们没注意到我。""我真粗心"，而非"我只是忘记了。"
罪责归己	往往会把事情都怪到自己身上，而不是具体问题具体分析。与其他思维方式相同，罪责归己既可针对自己，也可针对他人	"都怪我拖了后腿，让我们队输掉了比赛。""整个世界都对我不满。""如果不是因为他，就不会出岔子。"

3. 挑战思维

一旦我们识别出当下的消极思维方式，那我们在以这种方式思考时，只需多加注意，便可以克服大部分困难。比如对自己说，"我又要主观臆断了"，这会让自己冷静下来，三思而后行。重点在于，你注意到自己在用这些模式思考时，想想要告诫自己什么。

如果康拉德发现自己迷失在公司倒闭的痛苦回忆中，他可以对自己说"我又要为所有事情责备自己了"；当他发现自己把这种思维方式应用于各种事情上时，可以对自己说"我存在的意义并不局限于我的工作"。我们可以找一个特别的短语，能立刻抓住我们思维方式的重点，这样就可以在必要时派上用场。

夸梅觉得自己永远无法释怀妻子的离开，觉得自己无法独自面对这一事实。他正处于什么样的消极思维方式呢？

夸梅可能处于消极翻番的思维方式。他看着那堆锅碗瓢盆，觉得自己一个人清理不完。他也可能忽略了自己还有积极的行为，因为他即使是处于这消极的状态，也仍然挣扎着去上班，自己赚钱自己花。夸梅还可能会对自己过于苛刻，觉得自己太过自由散漫，整个人像是出了什么问题。夸梅本可以重拾生活，不这么为难自己。

挑战思维的另一种方法是验证其准确性。正如前文所述，在身陷悲伤陷阱时，我们会有不同的思维方式，会过度关注生活中其他的困难情境，对未来也会心灰意冷，不抱希望。我们会经常忘记那些能带来快乐的事情。这种消极的思维方式放大了限制感，让我们忘记了自己在不悲伤时，想法其实与现在大相径庭。

我们可以以更平衡的视角看待现状来克服这种思维，找到证据证明这种消极思维方式的存在，同时证明它的不合理性。我们从事实证据出发，因为证据是最重要的依据，需要重点考察。一旦我们抓住了这一点，就可以找到其他观点和角度。例如，如果康拉德要和朋友一起组织活动，他可以考虑自己是否真的没法给大家带来价值。首先，他可以找出能够证明这一点的证据，即找出他确实无法为朋友创造价值的事实。然后，他也可以寻找证据来证明这个思维不正确，即与前者相悖的信息。具体见表 2–2。

表 2–2 康拉德的正反证据

康拉德认为："我无法为我的朋友们带来价值。"	
正向证据	反向证据
我不能再讨论我的工作了 过去几周，我都没有为我的朋友做过什么有意义的事情 我的精力大不如前了	我们从没有讨论过彼此的工作 我们曾一起度过的最快乐的时光其实就是一起玩一些很幼稚的游戏 他们最近都给我发消息，约我一起出去玩 在我的朋友失落的时候，我给过他们帮助与支持

在表 2–2 中，康拉德完成左边一列（支持这种思维方式的证据）比完成右边一列（反对的证据）要容易得多。练习 2.6 中的一些问题，可以帮助我们寻找积极证据，即康拉德不容易完成的反向证据。

练习 2.6 克服夸大的限制感

思维方式

我正处于什么样的思维方式？

在这种时候，我倾向于使用哪些思维方式？

我是否提醒过自己？

准确性

是否可以用别的角度看待这种情况？

是否有证据不支持我的观点？

其他人会同意我的观点吗？

如果其他人处于这种境况中，我会对他们说什么？

帮助性

我是否在心里试图激励自己，实际上却反其道而行之？

我是否对自己很苛刻？

以这种方式思考会带来什么影响？

对此我能做些什么？

思维是我们理解世界的重要媒介。我们在悲伤陷阱中会有许多思维，试图让我们以不同的方式行事。从某种角度看，关于自身局限性的想法会让我们做出改变，并更加努力地行动起来以摆脱困境。这些想法能为我们带来多大的激励，反过来就能带来多大的挫败感。以体育教练为例，想想一位好教练和一位坏教练分别会做些什么来刺激我们。如果一位教练骂我们"没用"，还说"你永远不会有任何成就"；另一位教练说"那次是你没发挥好，也许你可以试试练习……和……，再试一次"。想想两位教练对我们的表现分别有什么影响。当事情进展不顺时，我们不是非要时刻保持积极态度，但是不同的思维方式确实可以带来巨大差异，直接决定了我们的想法对自己有多大影响。

4. 新思维

当我们对脑中已有的消极思维提出挑战，我们就可以拥有更准确或更有帮助的新思维。这些新思维与当下的情况联系更为紧密，它们可能包括更多细节，甚至能够为我们指明前进的方向。

在注意到自己的已有消极思维并对其提出挑战后，夸梅能对自己说些什么？珍妮又能对自己说些什么呢？

夸梅可能会想，他发现自己很难从离婚的阴影中走出来，但他已经设法继续工作，并依然住在这里。如果他多走动走动，与家人重新联系，他便可以用更积极的方式思考。也许他会想，"我一开始当然是痛苦挣扎，但我的生活现在重回正轨，越来越好"，或者"由于我很悲伤，所以很多事情对我来说是难上加难，但我正在努力变得更好"，又或者是"失去妻子对我来说是一次重大的打击，但我终究能走出来"。

珍妮在一开始可以用一些小事来挑战她的已有思维，比如"我和朋友出去玩的时候安静一点也没关系"或"我可以找回往日的信心"。

> 挑战已有消极思维，用更平衡更现实的思维取而代之，可以减少被夸大的负面情绪。

5. 认识羞耻和内疚

在对抗愈演愈烈的悲伤陷阱时，你意识到自己的一些思维会引起其他情绪。你可以用这些思维来辨别其他情绪，这会非常有帮助。

关于限制，最极端的想法是我们在不分前提的情况下，会对自己做出人身攻击，例如"我没用""我一文不值""我无能为力"或"我绝望了"。这些想法会导致极度悲伤，也会导致极度羞耻。羞耻感来自我们对自己的负面评价，而这些思维放大了这种评价。如果你选择了给自己贴标签、辱骂自己和对自己进行人身攻击之类的思维方式，就很可能会感到羞耻。要了解这些想法的影响以及应对方式，最好同步阅读第六章关于羞耻的部分。

人们也往往会在悲伤的同时感到非常愧疚。愧疚来源于我们觉得自己已经完成的或没完成的一些事情没有达到预期。极度愧疚与过于严格的标准有关。如果你用口号滥用的思维方式、非此即彼的思维方式和罪责归己的思维方式来看待没有达到预期的事情，那么你就可能饱受高度愧疚的折磨。关于这一点，你可以同步阅读第五章关于内疚的部分。

五、总结

悲伤是一种重要的情绪，可以帮助我们过上充实而幸福的生活。悲伤将我们彼此凝聚在一起，让我们建立更深层次的联系，在困难时期能够重新看待生活。我们有许多应对悲伤的方法，这也证明了悲伤是一种举足轻重的情绪。身陷悲伤陷阱是过度萎靡的结果。悲伤陷阱可能会放大失落感与限制感，让我们进退维谷。走出悲伤陷阱主要有两种方法：第一种是专注于行动，第二种是专注于挑战思维。这两种方法属于行为认知治疗的干预措施，能够让我们与悲伤和谐共处。

第三章
愤怒

CHAPTER 3

愤怒是一种常见的情绪，能够使人体进入兴奋状态，带来燥热和紧张的感觉。人们往往觉得这种糟糕的情绪对自己的生活没有什么好处，把愤怒归为"令人极不愉快的"的一类情绪。许多社会科学家都写过关于愤怒的论文。他们认为，愤怒非但对我们的生活没有好处，还是我们过上快乐生活的最大绊脚石之一。还有人认为，愤怒是世界上所有暴力的罪魁祸首，人们必须克服愤怒感。

其实，人类社会对愤怒的这些负面看法较为片面，这就导致我们无法真正理解愤怒，也无法找到合适的办法来处理自己的愤怒感。那么针对愤怒，有哪些有益身心的处理方式呢？我们如何确定自己是否有愤怒的情绪障碍呢？与愤怒相关的心理健康诊断结果并不多，而为数不多的有关结果中涉及的愤怒指数往往都比我们平时感受到的更高，例如双相情感障碍（bipolar disorder）或边缘型人格障碍（borderline personality disorder）[①]。与其他情绪相比，缓解愤怒的方法更少，有关如何缓解愤怒以及多久能缓解愤怒的研究也屈指可数。

本章对愤怒的态度与对其他情绪的态度一样，也将其看作是

---

① 边缘型人格障碍，其是否存在仍有争议，诊断也有一定难度，与情绪障碍有较高的伴发率。——译者注

一种人类的情绪来探讨。首先，本章会讨论让我们愤怒的原因，我们在愤怒时的思维和身体会如何反应。其次，本章会说明愤怒的功能，以及愤怒在我们的生活中何时可以起到积极作用。最后，本章会告诉我们该如何忍耐愤怒，用既恰当又体面的方式，在不伤及他人的情况下处理好自己的愤怒。

不仅如此，本章还会讨论我们在处理自己的愤怒时，如果遇到情绪障碍的话会发生什么。我们在感到愤怒时，这些情绪障碍并非无法避免。相反，我们可以将这些情绪障碍理解为处理愤怒的方式出了问题，所以自己才会陷入愤怒陷阱中的恶性循环。陷入愤怒陷阱会导致我们的愤怒愈发强烈且频繁，还会做出害人害己的冲动行为。愤怒和其他情绪也有联系，尤其是羞耻感。我们其实有许多不同的方式用来走出愤怒陷阱。

一、理解与接受愤怒

愤怒与本书中所有其他情绪一样，都是我们对周围特定情况的一种反应，会让我们的思维、身体、行为和面部表情产生变化。身体之所以会发生一些变化，其实是想达到某种目的，而且这些变化通常对我们很有帮助。下面的内容会帮助你思考自己的愤怒感，改变你对愤怒的片面看法，让你更好地理解和接受自己的愤怒。

（一）愤怒的原因是什么？

练习 3.1 问到了你为什么会感到愤怒。如果你能回想起一次强烈的愤怒感，那么你也会很容易想起愤怒的原因。这个原因很可能是某个人。通常，别人的行为会引起我们的愤怒。我们在解释自己愤怒的原因时，会滔滔不绝地抱怨别人做了什么，或者没有做我们认为他们应该做的事情。那这与愤怒究竟有什么关系呢？愤怒的原因究竟是什么呢？

练习 3.1　体会愤怒

回想你最近一次感到愤怒的经历。一定要确保你当时的情绪是愤怒，而不是像恼火或沮丧那种不太强烈的情绪。

你会如何描述那次的感觉？

你注意到了什么，意识到了什么？

是什么让你感到愤怒？

你的反应是什么？你做了什么？

后来发生了什么？

我们感到生气的原因通常是有人做了我们认为不公正的、不得体的、伤感情的或卑鄙的事情。[1] 某个人或某些人的某种行为有可能会对我们产生不好的影响，也有可能伤害到我们在乎的人，或是妨碍到我们想做的事。在这种情况下，我们会将对方的行为理解为一种人际威胁（interpersonal threat），即某人的语言

或行为对我们自己或我们的生活构成了威胁。

> 愤怒由所感知到的人际威胁引起。

回忆你在练习 3.1 中想到的自己愤怒的例子。你觉得那次让你愤怒的人际威胁是什么呢？我们周围有很多潜在的人际威胁，最显而易见的是肢体上的威胁。如果有人对我们施以暴力，比如推搡或殴打我们，那就会形成一种非常明显的人际威胁；同样，如果有人推搡或殴打我们关心的人，也会构成人际威胁。其他人际威胁可能包括财产威胁，比如别人试图拿走属于我们的东西，或者肆意挥霍我们的财产，也可能是因为有人阻止我们去得到想要的东西，或者妨碍我们努力实现目标。类似的情况不胜枚举，都可以用来帮我们找出人际威胁。

还有一些人际威胁来自我们对他人某些言行的感觉和看法，而这些人际威胁往往并不是很明显。例如，有的人会让我们缺乏自我认同感，或是伤害我们的自尊，那么这些威胁可能就会从"他对我不好""她完全无视我"或"他们在嘲笑我"等想法中体现出来，让我们丢失自我认同感。我们在不该生气的场合生气，往往就是因为我们感知到了这种人际威胁。例如，如果你因为某人没有打扫干净卫生而大发雷霆，那你生气的原因可能是你把这当作他不尊重你的表现。如果你因为朋友总是借钱不还而怒不可遏，那你生气的原因并不是你迫切需要这一笔小钱，而是你把这当作他们利用你、不在乎你的表现。英语单词"dissing"

的意思是蔑视，"disrespecting"的意思是不尊重，而 dissing 正是 disrespecting 的缩写，巧妙地表达了这种来自他人的人际威胁。这些我们感知到的威胁与另一种情绪有关，即羞耻。无礼对待、嘲笑、忽视、利用或轻视，其实都属于他人羞辱的人际威胁，也都会让你感到非常愤怒，后面的第六章中关于羞耻的部分会详细介绍这部分内容。

> 遭到粗鲁对待、不敬或嘲笑都会导致让人感到愤怒和羞耻的人际威胁。

如今，人们在开车的时候会经常感到愤怒，这也是"路怒症"（road rage）一词的来源。这么看来，开车似乎是一项尤其容易引起愤怒的活动。[2] 开车和前面列举的例子不同，因为我们在开车时接触到的都是陌生人，而且彼此之间还保持着一定的距离。我们在开车时，可能会将别人的很多行为解读为人际威胁。比如，我们现在要赶往一个明确的目的地，但是在路上遇到了一些司机，让我们不得不减速，那这就可能会形成一个潜在威胁。其他车辆可能只是和我们一起行驶在道路上，也可能会让我们感到愤怒。如果前面有人把车开得特别慢，那么他们可能会让我们没法按计划到达目的地。还有其他驾驶行为，如超车、变道、停车、让道、不让道和插队等，我们都可以将其解读为人际威胁。我们既可以把妨碍我们按计划到达目的地看作是一种威胁，也可以将其视为一种粗鲁或不尊重的行为。我们在开车时只看到别的司机表面上做了什么，却并不清楚他们的其他信息，所以经常将他人本身看作是他们的车。这会导致我们在潜意识里把他们的过错放大，并且由于双方之间几乎零交流，他们可能完全没有意识到我们的恼怒，或者我们没有办法注意到他们的歉意。[3]

在练习 3.1 中，你如果发现自己生气的原因与别人无关，那么你感受到的可能不是生气，而是像沮丧这种并不是非常强烈的情绪。"沮丧"这个词既可以看作是一种情绪，也可以看作是引起这种状态的起因。你感到沮丧是因为某事进展不顺，或是就差临门一脚。在这种情况下，虽然还是存在某种威胁，即我们无法达成我们想要做或需要做的事情，但这并不是因为他人的阻碍，而是因为某件事、某种情况或我们自身能力有限。

如果我们对这些情况感到极其愤怒，那通常是因为我们将愤怒的原因拟人化，或者在生自己的气。电脑就是一个很好的例子，如果电脑死机，或者删除了很多文件，我们很可能就会将其拟人化，把它当作一个故意找茬的人。每到这时，我们往往会对着电脑屏幕大喊大叫，或者叫嚣着要把它扔出窗外。

而在其他让我们感到沮丧的原因中，唯一与愤怒有关的是身体不适。有时我们会因为疼痛、疲倦或饥饿而感到愤怒。[4]有个新词叫"饿怒"（hangry），巧妙地描述出了人们在饥饿时的愤怒情绪。[5]此外，失眠也会导致愤怒指数上升。[6]这些情况本身就会引起愤怒。我们还会发现，在这些情况下，我们的基础感觉增强了，因此我们会更快地感到愤怒，以应对人际威胁。

疼痛、饥饿与疲倦会加剧愤怒感。

（二）我们愤怒时，会发生什么事？

愤怒会影响我们生活的方方面面，包括我们的身体、思维方式和感觉。

1. 感觉

我们大多数人会经常感到愤怒。愤怒可以持续几分钟、几小时或几天，尽管其缓解速度慢于恐惧，但通常也会很快消散。一般认为，愤怒是一种"炽热"的情绪，可以用"我的血液在沸腾""他头脑发热"或"我们吵得热火朝天"之类的方式来描述。对于大多数人来说，愤怒并不是一种令人愉快的情绪。

和所有情绪一样，愤怒也分不同程度。你在练习 3.1 中用了哪些词来描述你的愤怒？随着愤怒升级，你可能会用暴躁、恼火、恼怒、沮丧、气愤、生气、愤怒、暴怒、怒不可遏、怒火中烧、脸色铁青、暴跳如雷和歇斯底里来描述自己的感受。还有很多生动形象的词语可以表达愤怒，例如"吹胡子瞪眼""气急败坏""七窍生烟""怒发冲冠""咬牙切齿"和"目眦尽裂"。

2. 身体反应

愤怒对身体的影响与恐惧对身体的影响非常相似。我们会心率加快、呼吸急促、肌肉紧绷。我们的视觉、听觉和触觉等感官变得更加敏锐，注意力全部都放在任何让我们感到愤怒的威胁上。这就像"管状视野"（tunnel vision）[①]，愤怒越强烈，视野越狭隘。

这种反应由"战斗或逃跑"的交感神经系统产生，受肾上腺素控制，与控制恐惧的方式相同，只不过愤怒消散的时间比恐惧更长。[7]

3. 面部表情

愤怒的情绪往往会外漏，有很明显的面部表情。我们会压低眉毛、皱起额头、眉头紧锁。这种表情会使我们的眼睛看起来更窄、更有穿透力，从而产生一种怒视的效果。我们将注意力集中在生气的事情上时，会倾向于将怒火发泄在某个人身上，这是一种强大的交流方式。人们认为，我们与生俱来表达愤怒的方式是露出牙齿，动物往往就会这样表达愤怒。人类会克制愤怒，将咬紧牙关作为压下怒火的信号。[8]

———————

① 管状视野，即，视野损伤到一定的程度，眼睛只能够看到正前方很狭小的一个空间范围。比如卷一个细纸筒放在我们的眼前，然后眼睛通过这个细纸筒去看世界，这时候所能够看到的一个很小的空间范围就叫作管状视野。——译者注

4. 思维

我们生气时，经常会有很多想法。在练习 3.1 中，你可能写了很多生气的原因，这些原因其实就是我们在愤怒时重点思考的东西之一。我们关注的是别人为什么敢做这种让我们生气的事情，或者他为什么不考虑这么做对我们的影响。

另一个关注点是我们未来的计划，例如复仇、攻击他人、破坏。[9] 有时这些想法仅仅会停留在幻想中，我们只是想象一下自己会如何讨回公道。有时这些想法会变得极端，导致我们沉迷于暴力的白日梦中。

我们在生气时很难将注意力从让我们生气的事上移开，所以就没办法关注其他事情。我们会将所有注意力都集中在别人对我们的所作所为上，并想象如何才能讨回公道，这种狭隘的眼界会加剧愤怒。

随着愤怒的程度越来越深，我们会越来越难以理性思考，我们完全被怒火吞噬时，往往会失去理性，意气用事。

5. 行为

愤怒是我们想要向外表达的情绪。我们在生气时总是想接近别人，面部表情会明显传达出这种信号。我们会紧紧盯着别人，整个人转过身来，面对他们，甚至会走向他们；我们的音量会增加，说话语气加重，这些都可以传达愤怒和不满。我们在愤怒时的言行更激进，包括喊叫、尖叫、痛骂和诅咒。我们咒骂人的话往往都很简短，很容易用来表达愤怒，其他人会将这些行为视为言语攻击。

愤怒引起的其他反应包括一些肢体行为，比如，身体僵直，或者改变姿势以显得更高大威猛，增加威胁性。我们会握紧拳头、大声呼吸，还可能会撞击物体、摔门或者扔东西。对愤怒最强烈的反应包括拳打脚踢、暴揍、扔东西以及全面的身体暴力。随地吐痰和扔鞋子在某些文化中是一种将蔑视感与极度愤怒结合起来的行为。

有时我们会用行动将愤怒表达出来，但更多的时候这些行为只停留在潜意识里，而不是真的去做。我们可能会花时间想象这些行为，比如讥讽别人，或将某人痛扁一顿。

我们非常想要用这些方式来发泄愤怒，并且好像不太能控制好度。我们有时会感觉愤怒控制了自己，让我们做出在平静时绝不会有的行为。有趣的是，那些通常用来描述高度愤怒的表达方式，也突出了一种"疯狂"或失去控制的感觉。对于充分发挥愤怒的功能而言，愤怒和控制之间的联系十分关键。

话虽如此，我们还必须注意，愤怒和攻击不同。愤怒是一种由感知到人际威胁而引发的情绪，而攻击是针对他人的行为。

> 我们有可能感到愤怒但不采取攻击行为，也有可能采取攻击行为而不感到愤怒。

（三）愤怒与大脑

本书的引言部分说明了，大脑由爬虫类脑、哺乳类脑和理性脑三部分组成。愤怒的作用是保护我们免受危险的伤害，因此愤怒是一种由爬虫类脑驱动的、快速且本能的原始反应。

与恐惧类似，爬虫类脑在驱动愤怒中的作用可能会导致非理性的冲动行为。例如，理性脑通常用于做决策、考虑长期后果，以及顾及他人感受，但爬虫类脑所带来的强烈愤怒感可能会强制让理性脑下线，这意味着我们可能会在生气时做出平静时不会做的事情。

（四）愤怒的作用是什么？

许多人认为愤怒是一种有破坏性的情绪，不仅没有任何用处，还"有毒""有害"，百害而无一利。许多作者在自己的书中都把愤怒描述成世界上大部分恐怖、仇恨和伤害的罪魁祸首。[10] 如果愤怒是一种如此有害的情绪，为什么人类还要有愤怒感？它的功能究竟是什么呢？

在练习 3.1 中，想想你的愤怒经历。你在生气时做了什么？之后又发生了什么？你的所作所为有用吗？对你有帮助吗？如果没有用，你有没有因为生气而导致过积极的结果？在针对数百名美国人和俄罗斯人进行的一项研究中，大多数人称，他们的愤怒经历带来了积极的结果。[11] 那么愤怒的作用是什么？它在什么时候有用？

　　愤怒是针对感知到的威胁而产生的情绪反应。例如，我们觉得自己遭到了虐待、暗算、背叛、利用、失望或受伤，我们就会有愤怒感。作为应对，我们的身体会增加我们的心率和呼吸，绷紧肌肉来做好行动准备。我们的感官变得更加敏锐，全神贯注于威胁。我们通过表情向生气的对象表达愤怒，身体倾向接近他们。

　　结果就是，愤怒让我们的身体做好应对威胁的准备，我们决定反过来威胁对自己构成了威胁的人。愤怒让我们看起来更大更强壮、眼神更具威慑力、声音更坚定。我们通过这种方式来威胁他人，也让自己更自信和更强势地接近对方。

　　在这种情况下，两个人之间的愤怒会导致威胁升级，直到一方设法恐吓对方，使对方感到恐惧而选择撤退，也就是前文提到的面对威胁的逃跑反应。其他哺乳动物也有类似的情况，例如，有的动物在决定决斗之前，双方会前后走动，掂量一下对方的实力。同时，它们会宣扬自己的统治地位，炫耀自己的体魄，目的正是恐吓对方，迫使对方让步，以便独占自己想要争夺的东西。

　　愤怒的作用是保护我们免受他人威胁，其原理是让我们做好应对威胁的准备。理想的结果是我们保护了自己免受他人的伤害，使得他们无法抢走我们的东西，无法利用我们或者不尊重我们。

> 　　愤怒可以让我们为自己主持公道，获得财产、权力和自主权，赢得尊重。

　　愤怒可以帮助我们保护自己的利益。想一想你在练习 3.1 中写下的愤怒经历，还有其他相关的经历。在哪些情况下，愤怒可以帮助你保护自己的利益？你得到你想要的东西了吗？你阻止其他人利用你了吗？你是否维护了别人对你的尊重？

　　大多数时候，愤怒以烦恼和恼怒这种较低程度的形式表现出来并让对方感受到，这样一般也会解决问题。例如，很多时候我们并非有意让别人不快或者生气，所以我们察觉到别人的愤怒时最好立刻道歉，这样退一步就能海阔天空。

　　在某些情况下我们感到愤怒时，会更好地帮助自己赢得争论、战斗，或打破僵局。我们的愤怒在这种时候往往会较为强烈，甚至能被描述成"发疯"或"发狂"。这是因为如果我们越来越愤怒，就会越来越不理性。随着我们越来越不理性，我们的行为也就越来越不可预测，而不可预测性会对怀有敌意的人构成威胁。简而言之，随着愤怒的程度越来越深，我们会变得越发不可预测，对周围的人也更具威胁性。因此至少在短期内，我们受愤怒影响而导致的非理性状态和冲动行为起到了作用，有助于保护我们的利益。

　　强烈的愤怒导致我们越来越不理性，注意力范围缩小，这可以解释愤怒的对象如何随着时间的推移而变化。最初，引起愤怒的原因可能来自环境，比如财产或物品存在损失的威胁。然而，随着愤怒的程度越来越深，我们感受到的威胁也会变得越发强烈，我们会觉得自己的尊严或权力受到了威胁。因此，当我们越来越感到愤怒，威胁会变得越来越强烈且具有针对性，击败对方的冲动压倒了只保护好自己的愿望。[12] 这与羞耻或羞辱的威胁有关，本章及前文已介绍过我们会因为退缩而感到羞辱，后文中的愤怒陷阱部分也会再次介绍。

愤怒的作用是保护我们免受他人威胁，这些威胁可能是失去重要的物品，或者是形象或尊严受损。愤怒在"战斗"反应中调动起我们的身体，以此帮助我们对这些感知到的威胁做好准备，让我们能够对抗最初的威胁，迫使对方退缩。如今的人类社会中，使用身体暴力的情况比过去少，[13] 但我们仍然会通过语气、身体姿势、口头威胁和抱怨来表达不满、愤慨或愤怒，这是一种自保的有力方式，能让他人无法对我们或我们在乎的人造成伤害。愤怒并不一定会导致不尊重、侵犯和暴力，它只是一种可以让我们保护自己免受他人威胁的情绪。事实上，为了避免他人愤怒，我们往往会做出表示尊重和体面的行为，例如，向他人道歉并使用"请"和"谢谢"等礼貌语言，表明我们理解和欣赏周围的人。愤怒作为个体和集体对人际威胁的反应，有助于维护公民的价值观和权利。

不过，有时愤怒的外在表达会变得有害无益。在这些情况下，我们就可以反思一下自己是不是陷入了愤怒陷阱。本章稍后将讨论愤怒陷阱原理以及应对措施。

二、容忍愤怒并采取有效的应对方式

我们感到愤怒时，最好的应对方式就是采取行动。下面将介绍一些我们可以采取的行动，包括我们在时间充裕的情况下如何应对，以及我们身陷于愤怒陷阱中，没有足够的时间或空间时该怎么做。练习 3.2 整合了这些方法，让你在有需要的时候派上用场。

练习 3.2　应对愤怒

这些问题和提示可以帮助你应对愤怒。

定义威胁

我很生气，我必须确定威胁是什么。

我在生谁的气？

这个人做了什么或说了什么让我生气？

我如何解读这种行为？

威胁是＿＿＿＿＿＿＿＿＿＿＿＿＿＿＿＿＿＿＿＿＿＿＿＿

检查威胁

我是否足够准确地感知到这种威胁？我是否误解或夸大了什么？

能否从其他角度看待这件事？

我是否误解了别人的某些无意之举？

我可以找人帮忙吗？

我在做"小大人假设"吗？

解决威胁

我需要接近这个人，和他当面解决问题。请记住以下几点。

别太生气，一点点愤怒也很有力量。

坚持自己的看法。

> 别让事情变复杂。
>
> 牢记主题：我们一次只能讨论一件事。
>
> 记住要冷静。

（一）找出威胁

我们生气时，需要确定愤怒的原因。问问自己"威胁是什么"，可以帮助我们弄清楚问题所在。

我们感知到的威胁通常来源于其他人以及他们的言行。在一开始，我们可能会一直琢磨其他人说过的话，或者会回顾这一整天发生的所有事情。我们脑海里想的事情可能会很多，但是往往会有一个问题较为突出，这个突出问题无论是当天的一件要紧事，还是平时司空见惯的事情，我们都会在这一天非常重视。然后我们需要搞清楚自己将他人的哪些言行解读成了威胁。他们威胁要殴打我们了吗？他们威胁要拿走我们的重要的东西了吗？还是他们妨碍我们得到想要的东西了？我们是否将他人的行为解读为他们对我们的看法？

我们可以通过以往的经验看待当下遇到的威胁，帮助我们理清思绪，消除生气时产生的混沌和模糊的想法。我们会申明自己在这种情况下感知到的威胁，比如"他们会伤害我""他们会阻止我……""他们无视我""他们瞧不起我"或"他们没有好好照顾我的孩子"。每一个简短的陈述都表达出了让我们感到愤怒的情况。

从整理思绪到找出威胁的过程往往需要一些时间。有的时候我们有时间，有的时候没有。在我们生气并采取行动之后，我们可能需要经历一遍这个过程。这个过程大有益处，因为我们的愤怒遵循了一定的规律，在下次遇到类似的威胁时，这也许能帮到我们。

（二）确认威胁

一旦我们以刚刚提到的方式识别出威胁，就要考虑我们对当下情况的判断是否准确。我们生气时，爬虫类脑就会被激活，从而导致我们误解或夸大威胁。给自己一些时间，缓解一下愤怒感，控制我们的身体往往可以帮助自己缓解愤怒，比如我们可以放慢呼吸、放松肌肉，将注意力从威胁上移开。请记住，尽管愤怒主要是对人际威胁的反应，但饥饿、疲倦和疼痛等身体不适也可能会加剧愤怒。吃点东西，"睡一觉，把问题留给明天"或止痛都是非常常用但有效的方式，可以让我们有时间检查愤怒。

与他人谈论我们的经历也是检查威胁的有效方法。识别威胁的过程会帮助我们更有条理地向他人倾诉，让他们了解情况以及我们的感受，这有助于他们判断我们是否采取了正确的方式。

许多成年人会误解和孩子有关的事情。小孩子做事往往不考虑他人，我行我素，目无法纪，通常还很自私。但小孩本身就是这样的，他们的脑回路与成年人的不同，无法像成年人一样考虑自己的行为会对他人产生什么影响。他们也不太可能小小年纪就懂得感谢父母的养育之情。"小大人假设"这个短语很好地说明，成年人常常会忘记孩子还小，我们总是无意中将孩子也看作成年人。[14] 这是检查威胁的一个关键，我们是否因为忽略了孩子的年龄而试图摆布和不尊重他们，或轻视他们的能力？

（三）解决威胁

一旦我们确定并检查清楚了威胁，就可以开始尝试解决威胁。

解决威胁通常需要我们以与感觉一致的方式做出回应，也就是接近和面对威胁我们的人。愤怒提供了动力和能量，让我们直面那些以往会避开的问题，鼓励我们在遇到威胁时奋起反抗。这样其他人也会感知到我们的愤怒，从而明白我们不是在开玩笑。我们可以做很多事情来确保妥当解决威胁。练习 3.2 能够帮助你实践这些想法。

想想你最近遇到的一个可以很好地利用愤怒，让别人注意到自己的情绪并重视起来的人。他很可能只动了一点点怒，虽然很生气，但并没有大喊大叫、扔东西或者咆哮。一点点的愤怒也有力量。愤怒的显著特征通常包括更坚定的语气、更强势的姿态和更清晰的陈述。太多愤怒反而会没什么用，因为它会让我们更难好好表达自己的感受。如果其他人认为我们"太愤怒"，他们也不会愿意把我们的感受当回事。发泄过多的愤怒来解决问题可能是陷入愤怒陷阱的迹象。

知道威胁是什么有助于我们组织语言，清晰地表达我们的感受。我们会坚持自己对情况的看法，并用"我很生气……当你……"来表达这个人的所作所为与我们因此而产生的感受之间有什么关系，比如，"我很生气，因为我认为你忽视了我""我很生气，因为你似乎不重视我的贡献"或者"你打碎了……，我很生气，因为这个东西对我来说真的很重要"。比起给别人的行为贴标签，以这种方式交流效果更好。别人会把你给他贴标签的行为看作是一种攻击行为，而不是想要解决问题。想象一下，当别人对你说"你又不理我了！"，你会怎么回复？你又会如何回复"你不理我，我很生气"？

我们在生气时，会很想举其他例子来说明是别人让我们生气或做了对我们不利的情况，但是我们一次只能解决一个问题。如果我们提出太多问题，别人更有可能将其视为攻击，导致矛盾升级。如果我们能以这种方式从问题中获得某种解决方案，就可以将其应用于其他让我们生气的情况。

我们还需要注意考虑解决方案，我们希望从这场对抗中得到什么？我们希望对方道歉吗？我们想要拿回失物或者补偿吗？我们对别人的期望是什么？思考所期望的结果可以让我们专注于讨论。如果要解决问题，我们还需要冷静。在沟通中保持头脑清晰可以让我们冷静行事。我们需要花时间让自己冷静下来。

愤怒的程度越深，我们越有可能受到爬虫类脑控制，陷入管状视野，本来想解决问题，现在却放弃了这个目标，变成"赢下"这一次纷争。如果太过愤怒，我们就难以完成前面所述的行为，那么我们最好冷静一下，重新想想该怎么做。我们只需要说

"等我一下"或"我很快回来"，事情就好办得多了，因为越生气，再次平静下来会变得越困难。比起最后怒不可遏，做出一些我们日后会后悔的事情，花点时间冷静一下绝对是个明智之选。请记住，随着愤怒加剧，理性思考的能力会降低，因此我们需要准备好应对这种愤怒。

三、帮助他人应对愤怒

我们生气时，别人最常说的一句话是什么？

"冷静一点。"

这是你最不应该对愤怒者说的话之一，因为这句话一点用也没有。为什么呢？想想有人对你说这句话的时候，他们的语气是什么？你如何理解别人的语气？愤怒是对人际威胁的反应，我们感觉到有人对我们不利。在这种情况下，别人要我们冷静下来，就意味着告诉我们，我们认为重要的事情他们觉得并不重要。

我们与愤怒的人交谈时，最好要让他们知道我们很重视他们的担忧，想知道事情的来龙去脉。如果他们出离愤怒，那么我们可以用控制身体的方法，指导他们做一些能让自己平静下来的事情。例如，我们可以把他们带到更安静的地方，请他们坐下喝一杯咖啡，慢慢地将他们的注意力从威胁上移开，鼓励他们深呼吸。我们假装略显疲惫，或者用更平静的语气和更放松的姿势说话，也可以帮助他人冷静下来。这些办法应该能让愤怒的人稍稍恢复平静，我们要是什么都不做，会显得我们根本不理解他们，太过冷静本身就会让他们感到生气。所有这一切都是为了让他们平静下来，这一点要牢记在心。

然后，我们要给他们时间和空间来解释情况。一开始，我们可以让他们说话，但慢慢地，等他们平静下来后，我们就可以打断他们，帮他们理清逻辑，表示自己理解他们的感受，这样就可以缓解他们的愤怒。然后，可以教他们之前练习 3.2 中详细介绍过的方法：定义威胁、检查威胁，最后解决威胁。

四、愤怒陷阱：愤怒的问题

本部分着眼于我们在处理愤怒时可能遇到的问题。抑郁症很常见，但它与愤怒相关的诊断却相对较少。还有一种新的心理健康诊断名词叫作"间歇性情绪爆发障碍"（intermittent explosive disorder）。不过这种诊断只关注人的行为，愤怒感本身并不是一种疾病。[15] 尽管很少有专门针对愤怒问题的诊断，但愤怒问题在人群中普遍存在，也常常有人因此寻求帮助（图 3-1）。[16]

图 3-1　愤怒陷阱

解决愤怒问题的办法包括服用抗抑郁药和学习愤怒管理课

程，但这些治疗背后的支持证据不是很可靠。在这些情况下，医生经常会推荐愤怒管理课程，然而，这尤其成问题。[17] 本部分将解释为什么愤怒管理课程不足以解决问题，并介绍一些更全面的解决愤怒的方法。

人们在愤怒时最常见的反应是把愤怒表达出来。我们受到威胁时，会奋起反击并努力保护自己的利益。这种办法通常很管用，让我们能够相互尊重、相互关心，以及和平共处。然而有时，发泄愤怒可能会引起冲突、不尊重人和伤害他人，甚至会导致关系破裂、被孤立。

愤怒陷阱展示了这种情况的前因后果。其核心是夸大的威胁加上分别围绕着双方的两个恶性循环。

举两个例子说明这个过程。

康纳最近被大学勒令停学。此前，康纳在课堂和学校其他地方多次攻击老师和同学。康纳从小学就觉得上学很痛苦，说老师会故意为难他。康纳曾多次获得额外的助学金，但他并不愿意接受，因为他不想让同龄人知道自己上学很困难。当他在课堂上感到难堪或者感到自己很蠢时，就会表现出攻击性。在课堂外，同学们也因为康纳阴晴不定而害怕他，给他贴上了"疯子"和"神经病"的标签，因此他不得不和他人起冲突。

妮可拉的母亲是一个挑剔的女人，在她小时候，母亲压力很大，也十分易怒。在妮可拉的记忆里，她很害怕母亲，以至于觉得自己什么都做不好。妮可拉本来可以过上不错的生活，但是在结婚并组建了新家庭后，她发现自己越发深陷愤怒的情绪中。她的工作压力很大，总觉得别人在偷懒，还不断贬低和利用自己。妮可拉在家里变得更加烦躁，孩子们不合她意时，她就一直对他们大喊大叫。可孩子们睡着之后，妮可拉又会很后悔自己对他们大喊大叫，担心他们会像自己害怕母亲一样害怕她。妮可拉的丈夫告诉她，她的行为让人无法接受，如果这种情况继续下去，他就要离婚。妮可拉努力克制自己，尽管取得了一些效果，但似乎总是哪里不对劲，最后又一次次失控地发泄怒火。

（一）夸大威胁

在这两个例子中，康纳和妮可拉都感受到了来自他人的高度威胁。康纳觉得老师和同学因为他的无知而取笑自己，我们可以将这种威胁标记为"他们会像看傻子一样看我"或者"他们会嘲笑我"。妮可拉似乎觉得她的同事不尊重她，贬低她，她可能会说"他们认为我没用"或者"他们利用我"之类的话。更重要的是，妮可拉还会将自己孩子的行为视为不尊重自己、故意轻视自己的表现（参见前面关于检查威胁的部分）。

康纳和妮可拉都夸大了威胁。康纳夸大威胁情有可原，可能是因为他早年经历过虐待、暴力或羞辱。他现在可能在家里还在遭受虐待。但是对于像康纳这样的年轻人来说，与别人谈论自己的经历时，他们可能会因为别人的反应而不好意思开口。妮可拉夸大威胁也合情合理。因为她小时候有过被别人批评和欺负的经历，所以有这种心理是说得通的。然而，在后来的生活中，无论是在职场还是在家里，妮可拉都会夸大来自别人的威胁。

大多数处于愤怒陷阱中的人都有过让自己夸大威胁的经历，比如校园暴力、童年时期的家庭暴力、严厉的教师或父母，或者经历过暴力冲突事件。这些经历也会与羞耻感联系在一起，原因是过度关注自己的不足、缺陷或瑕疵。康纳和妮可拉都曾有过备受羞辱的经历，因此他们夸大了其他人羞辱他们的可能性。

> 童年的生活经历可能会让我们夸大威胁。

我们往往在两个方面夸大来自他人的威胁。第一个是频率方面，在我们眼里，无礼、粗鲁或有威胁的人其实要比现实中真实发生的多。第二个是程度方面，我们往往会夸大他人无礼、粗鲁或威胁的程度。在愤怒陷阱中，由于夸大威胁，愤怒会变得更加频繁、更加强烈。

（二）爆发

我们觉得他人不尊重、伤害或轻视自己时，会变得愤怒。如果这种愤怒与羞耻感、不足感、缺陷感或不好的经历相关联，就会变得尤为强烈。我们有羞耻感时的反应之一是发泄怒火（见第六章）。

表达愤怒最常见的方式是接近他人，把怒火倾泻到他们身上。

　　我们如果这样发泄自己的怒火，那么有时就会伤害到他人，这可能是愤怒陷阱中最明显的问题。康纳和妮可拉都有表达愤怒的障碍。人们经常会觉得有一股无名怒火，而且这股怒火会立即变得非常强烈，几乎无法控制，随时要发泄出来。最后，我们自己和他人都会感觉，愤怒就如同炸弹一样爆发出来。有时，我们把怒火一下子发泄出来时会感觉很畅快，因为威胁他人可以带给我们力量感和支配感，从受到威胁和轻视的感觉中解脱出来。从某些方面来说，这就是愤怒的功能，我们会自然而然地用这种方式来表达愤怒。对于康纳来说，他在教室里打架或扔桌椅时，被同学或老师捉弄的感觉会暂时缓解，他会感到自己掌控了局面。对于妮可拉来说，在单位一整天都感到不受重视之后，她会想要在家里成为控制一切的人。

　　然而，以这种方式表达愤怒还会带来其他后果。对他人表达愤怒会导致威胁升级，情况恶化。康纳的经历就是如此，他感知到来自他人的威胁并做出回应，最终导致冲突升级、紧张局势恶化。其他人抱着挑衅的态度接近康纳，嘲笑他、骂他是蠢货，这些言行完全与康纳想的一样，那么他就会感到更愤怒。第二个后果接踵而来，由愤怒引发的言语或身体攻击等行为会招致他人的负面评价，导致康纳更有可能受到他人评判或批评。康纳由于自己的行为，遭到了同学和老师的贬低。如果夸大威胁与他人的羞辱直接相关，那么爆发性地发泄怒火可能反而会导致更多的羞辱。[18]

　　妮可拉说自己是"没用的母亲"，因为她对孩子大喊大叫，丈夫也威胁要因此而离开她。这些威胁既真实又严重，还可能加剧愤怒陷阱。

因此，夸大威胁会增加愤怒，导致我们更想发泄出来，结果冲突升级，对自己与他人的批判变多，从而进一步带来更多的威胁，最终形成愤怒陷阱。

（三）克制

康纳和妮可拉生气时并不总是会爆发性地发泄怒火，他们有时也会以其他方式表达愤怒。他们俩都努力尝试"保持沉默""保持冷静"，避免与他人发生冲突。在大爆发之后尤其如此，他们会告诉自己，不要再这样，并且会尽力确保自己不再打架或不再与孩子争吵。

这是愤怒陷阱的另一面：克制。克制的意思是，我们在感知到威胁时，会抑制、忽视或推开愤怒的情绪。如果这种方法奏效，康纳和妮可拉会觉得自己成功地克制住了愤怒，避免了发泄愤怒时带来的痛苦与压力，但最初引起愤怒的问题仍未解决，因此尽管他们没有表达出愤怒，愤怒感仍然存在。康纳克制自己不做出回应，但他还是觉得人们在嘲笑他，把他当傻子一样对待。对于妮可拉来说，当她克制自己的愤怒，继续忍气吞声时，她会觉得同事和孩子都在压榨她。在这两种情况下，愤怒的自我保护功能并没有发挥作用，因此我们会容易感觉受到了他人的利用或虐待。造成这种局面的一部分原因是康纳和妮可拉夸大了威胁，但他们这么做其实也并非完全没有道理，那就是克制愤怒的确会让其他人变本加厉地利用我们。

压抑的愤怒日积月累，到最后忍无可忍，终于爆发。

（四）关于愤怒陷阱的总结

愤怒陷阱由爆发与克制两个相互关联的恶性循环组成。人们陷入愤怒陷阱时会将愤怒发泄出来或是克制住，而二者之间的切换正是一切问题的始作俑者。康纳和妮可拉的愤怒陷阱说明了愤怒陷阱的原理。

爆发和克制是愤怒陷阱的基本元素，明白了这两点就可以帮助我们理解为什么某些愤怒管理方法不起作用。这是因为，愤怒管理课程的基础逻辑是愤怒有毒或有害，所以这些课程只能帮助我们避免将愤怒爆发出来。这可能会导致人们更加严苛地看待自己的愤怒和愤怒爆发行为，从而更拼了命地克制愤怒。这种方法只能暂时控制好愤怒，时间一长就没用了（图 3-2、图 3-3）。

图 3-2　康纳的愤怒陷阱

图 3-3　妮可拉的愤怒陷阱

　　愤怒陷阱与本书描述的其他陷阱一样，问题在于我们对情绪的反应，而不是情绪本身。这意味着改变应对愤怒的方式可以帮助我们摆脱困境。请尝试跟着练习 3.3 绘制出自己的愤怒陷阱，以帮助你思考可以做些什么来摆脱愤怒陷阱。

练习 3.3　绘制自己的愤怒陷阱

　　如果你觉得自己陷入了愤怒陷阱，请尝试将其绘制出来。仔细想想最近让你感到愤怒的三件事。写下几个词来帮助记忆，例如，逛超市，辅导孩子做作业。

　　①＿＿＿＿＿＿＿＿＿＿＿＿＿＿＿＿＿＿＿＿＿＿＿＿

　　②＿＿＿＿＿＿＿＿＿＿＿＿＿＿＿＿＿＿＿＿＿＿＿＿

　　③＿＿＿＿＿＿＿＿＿＿＿＿＿＿＿＿＿＿＿＿＿＿＿＿

　　先从来自别人的威胁开始。写下你当时的想法。你可能会有很多想法，但试着只关注当时的危险，即你对别人的言行有什么看法？比如你可能会想"他把我当垃圾""他们故意无视我"或者"他们会嘲笑我"。

　　接下来想想，你会如何把愤怒爆发出来？你会如何处理

自己的愤怒？

　　从长远的角度考虑，你的行为会有什么后果？事后你会怎么看待自己？其他人会怎么说或怎么做？

　　再想想，如果你对自己的愤怒视若无睹，你会怎么样？

　　这样做的长期后果是什么？你感觉如何？其他人会如何看待你？

五、走出愤怒陷阱

　　愤怒陷阱告诉我们，我们迷失在愤怒中时会发生什么。它表明，尽管愤怒产生的问题在爆发时可能最为明显，但一味克制同样也有问题。这意味着如果想要摆脱愤怒陷阱，那我们不仅仅需要关注愤怒爆发时会发生什么，还要知道克制愤怒会有什么后果。我们无法一直努力保持中立和冷静，干脆"走开"或者"冷静下来"，相反，摆脱愤怒陷阱的方法包括感受可接受范围内的愤怒，并针对不同的愤怒程度采取不同的应对措施。这可以帮助我们减少采取错误的应对方式，重新审视当下的局势。想要摆脱愤怒陷阱，其实有许多方法可以参考。首先是冷静下来，让自己喘口气，再试试其他办法。其次是对可接受范围内的愤怒对症下药，这样就可以打破愤怒陷阱的两个循环，重新评估威胁。

> 忍住怒火，对症下药，才能走出愤怒陷阱。

（一）大事化小，小事化了

愤怒陷阱强调的是感知他人威胁的重要性，而正是这种感知到的威胁导致了愤怒。康纳和妮可拉都有充分的理由夸大来自他人的威胁，而陷入愤怒陷阱更是增加了他们从别人那里感受到的威胁感，因此，他们会比其他人更频繁也更强烈地感受到愤怒。

摆脱愤怒陷阱最实用的方法之一是减少从他人那感受到的威胁感。我们会在某些特定情况下有威胁感和愤怒感。比如一天中的某个时间段，或者面对某个人时。

例如，康纳发现在某些课上，老师或同学会让自己感到愤怒，他就会认为这些情况有威胁。妮可拉发现早上很难哄孩子们乖乖去上学，晚上还要费很大劲伺候他们洗漱睡觉，她觉得自己遭到了忽视，所以很生气。

> 走出愤怒陷阱的第一步：避免尤其能让自己非常愤怒的情况。

一旦确定了最让自己生气的事情是什么，我们就可以采取实际行动，大事化小，小事化了，具体可分为退避三舍法和金蝉脱壳法两种方法。

1. 退避三舍法

我们可以从一开始就避开让我们生气的事情。对于康纳来说，他可以在回到学校后，先上几节让自己不会感到那么愤怒和有威胁的课程，这样他就有更多机会在学校保持平静状态。同样，他也可以避开自己觉得有威胁的同学。如果妮可拉经常觉得自己在孩子上床睡觉前对他们大喊大叫，那就暂时让其他人负责哄孩子睡觉，这是一个让自己别生气的直接办法。睡前生气和大喊大叫绝不是什么好事，而避免这种情况可以让妮可拉平静下来，和孩子们一起愉快地度过其他时间。

2. 金蝉脱壳法

另一个实用的方法是想个办法脱离可能会让自己陷入愤怒陷阱的状态。例如，康纳如果感觉情况不妙，感到有威胁了，就立刻转身离开，另外找个地方待着。妮可拉可以先哄孩子睡觉，但如果她开始感到烦躁或恼火，就可以金蝉脱壳，及时离开，让其他人在自己更加生气之前接手。这两种方法一般需要提前让其他人了解自己的情况，这样他们就不至于追问或者阻止自己离开。

退避三舍法和金蝉脱壳法都很接近愤怒陷阱的克制侧，并不能长期使用。然而，这两种方法都能解燃眉之急，可以稳定局势，给人一种掌控感，为其他行动预留时间和空间。

（二）愤怒的身体反应

本章前面强调了愤怒对身体的重大影响。愤怒会导致心率加快、呼吸急促，以及肌肉紧绷。我们的感官会变得敏锐，全神贯注于威胁。我们身陷愤怒陷阱时，身体会在爬虫类脑的控制下迅速发生变化，而且这些变化大起大落，以至于用理性脑逻辑思考都变得困难重重。为了摆脱愤怒陷阱，我们需要用另一种方式来回应愤怒，让理性脑有更多时间思考。

身体对愤怒的反应受爬虫类脑控制，所以几乎都是下意识的反应。但是，我们可以掌控原本受交感神经系统控制的三个方面：呼吸、肌肉张力和关注点。愤怒时，身体上即使是很小的变化也会严重左右我们的思维和行动。这个过程与恐惧对我们的影响相似，详见第一章。

1. 呼吸

当我们愤怒时，最常听到的建议之一就是深呼吸。其实，只做深呼吸的效果有限，并不能真的缓解我们的情绪。但是，我们可以借助调整呼吸，来让自己冷静一下，克服下意识的反应，改变思路和行为。其中，呼气尤能平息怒火，让人冷静下来。

2. 肌肉张力

我们愤怒时会绷紧肌肉，随时准备战斗。通常，我们的手和脸部的肌肉最紧张。我们可以有意识地放松肌肉，尤其是手和脸部的肌肉，让自己降低愤怒感。在放松身体的同时深呼气，可以减轻压力。放松手和脸部的肌肉还可以让我们看起来没那么愤怒，从而让气氛不那么剑拔弩张。

3. 关注点

当我们愤怒时，视野会变得狭隘，矛头直指让我们愤怒的人（威胁）。调整呼吸和放松肌肉，或者尝试看看周围来开阔视野，哪怕只是一点点，都能缓解极度愤怒时的"管状视野"效应，让理性脑更好地发挥作用。我们可以通过各种练习加强转移注意力的能力，例如正念或冥想。

六、愤怒时的反应：重新评估威胁

调整身体感觉的目的并不是要彻底摆脱愤怒或是对愤怒不管不顾，而是要把愤怒感降低到可接受范围内，这样就可以让理性脑有机会思考，对症下药。

不要立即做出反应，或者反应不要那么强烈，就能让你不至于那么生气，从而让你重新评估威胁。妮可拉的例子可以体现出这个过程。

妮可拉决定不再操心孩子们早上出门的事情，因为她在这段时间里的情绪很差。妮可拉决定，每当她觉得自己又要发火了，就回避一下。这样持续了几周之后，妮可拉越来越清晰地意识到她在这些时候的感受。她尝试面对这个场景，深呼吸几次，让自己放松，看着丈夫催促孩子们准备好去上学。她提醒自己，孩子们还小。同时她还注意到，丈夫带着孩子们一步步做好出门的准备，孩子们也能按部就班地配合。三番两次之后，妮可拉意识到，孩子们并没有故意捣乱或者使坏（至少大多数时候是这样），而只是需要更多帮助。妮可拉从这个角度看的话，就不那么生气了，对孩子们的态度也缓和了不少。

在这个例子中，妮可拉尝试平息怒火，这样自己就可以继续帮孩子们准备出门上学，而不必陷入愤怒陷阱的任何一侧。最终，妮可拉从不同的角度出发，重新理解自己的孩子。她没有"控制"或"管理"她的愤怒，而是选择了宽容，以便重新思考自己生气的原因。

妮可拉夸大了哄孩子们上学的烦人程度。然而，对于康纳来说，他很难强压着怒火不发泄出来，因为他迷失在了愤怒陷阱里，而且周围的人也已经习惯了他总是这么暴跳如雷。

（一）愤怒时要有魄力

人们在愤怒陷阱里时会有两种反应：爆发和克制。二者都会让愤怒陷阱愈演愈烈。应对愤怒的一个办法就是：有魄力。

魄力这个词可以追溯到 20 世纪 50 年代，许多人都对此有过研究。虽然如今人们不太常说魄力这两个字，但这一概念仍然以多种形式存在，许多正念治疗手册中都提到过。[19] 有魄力可以定义为以下几种能力：

说"不"的能力。

求助或者提出要求的能力。

表达感受的能力。

开始、继续和终止一般性对话的能力。[20]

通过这几种方法，愤怒时果断地采取行动，在爆发和克制之间寻求到平衡点，我们就可以改变表达愤怒、沮丧或不满的方式，从而更好地处理愤怒。

> 无须爆发或克制，"有魄力"就可以表达不满。

1. 说"不"的能力

人们通常把说"不"看作有魄力的主要特征，不过也会经常夸大甚至误解其重要性。重点不在于说"不"本身，而在于我们能否对自己的需求进行优先排序。要学会说"不"，首先要学会将自己和自己的时间放在第一位。妮可拉的例子就展现了这个过程。

妮可拉决定在工作中更加有魄力一点。她要先想清楚自己工作中最重要的方面是什么，然后在工作的时候敢于果断地说"不"。可能有哪天，她会惊讶于自己拒绝了一项分配给自己的任务，即便这是她很擅长的领域。她可以和经理讨论一下，达成共识。之后，同事请她帮忙时，妮可拉也开始改变态度。她不会马上说"好"，而是说等她忙完手头的事后再帮忙，或者如果实在不想帮，她也会告诉别人她有事要忙。妮可拉发现人们对此并不反感，她也开始直说自己没时间去做这些本来就不该由她来干的事情。久而久之，同事们似乎更加尊重她的工作，并且得到她帮助时也会更加感激。妮可拉在工作中建立了自信，后来她甚至拒绝了母亲不合理的要求，这在以前可是想都不敢想的事情，连她自己也惊讶不已。

在妮可拉的例子中，我们可以看到，她遇到人际威胁（例如，认为自己受到利用）时，如果将自己放在第一位，她的反应就会截然不同。如果有人要求妮可拉做一些会占用她工作时间的事情时，之前的妮可拉会选择愤怒陷阱的克制一侧。她以前可能只有过程度较低的愤怒，如怨恨或烦恼，但随着时间推移，这种情绪会逐渐积累起来。如果妮可拉学会果断行事，这种愤怒就不会越攒越多，其他人也会以不同的方式与她沟通，注意到她的工作并更加尊重她、重视她。这样一来，人际威胁自然会减少，愤怒陷阱也会慢慢散去。

> 优先考虑自己的需求和愿望，敢于说"不"。

2. 求助或提出要求的能力

我们会很难开口向他人寻求帮助和向其他人提要求。我们首先得承认自己一个人办不到，然后勇于向其他人坦白这一点。然后，我们还要明白，其他人也可能会对我们说"不"。这些情况可能会让我们觉得他们在主动造成人际威胁，比如来自其他人的批判。同样，这两个方法也可以用来判断这种人际关系是否真的存在，看看别人是否会帮助我们。康纳的情况就是一个好例子。

过去的经历让康纳认为，如果他寻求帮助，其他人不仅不会帮助他，甚至还会嘲笑他。因此，他只能独自面对困难，结果上学对他来说越来越痛苦。康纳复学后，被安排在一个小组中。他努力寻求帮助，从小事做起，比如多要点草稿纸，多要份作业的复印件。久而久之，他就可以开始寻求学业上的一点点帮助。他发现自己的老师会给他帮助，而其他学生也不会觉得他笨。康纳开始觉得自己的学业进步了，就算有什么问题搞不明白，他也不会觉得自己愚蠢。当其他人做足了准备来捉弄康纳、看他生气的时候，康纳选择鼓起勇气在休息时间向老师寻求帮助。

通过向他人提出请求，康纳就能在不明白某事或不能独立完成某事时，采取不同的应对措施。他不会因为做不到而默默地一个人继续尝试，也不会感到沮丧，而是能够寻求帮助并能得到他人的积极回应。

在寻求帮助时，清晰地表达也很重要。我们应当简短明了地说出自己的需求，废话太多会令人困惑。礼貌也很重要，有求于人时要记得尊重对方。我们在礼貌地向别人请求帮助时，通常会先说"请您……""您是否可以……"或"如果您愿意，我将不胜感激……"。然而，有一点很重要，那就是不要将礼貌与道歉混为一谈。如果你为了自己提出请求而道歉，那么可能会让别人不重视你和你的请求，他们也就不会好好帮你的忙。比如，你不能说"我很抱歉不得不问你，但是……""我知道这很难，但你可不可以……"。如果别人接受了你的求助，表示感谢也很重要，这是一种向他人表达尊重的方式，也能让你得到别人的尊重。

3. 表达感受的能力

这一整本书都在讨论我们的感受在日常生活中的重要性。我们的感受是各种需求、欲望和愿望的源泉，而理解、接纳和表达这些感受可以让我们与他人友好交流。本书的每一章都在强调各种情绪对我们个人和社会生活的重要性。

如果想要学会果断行事，而不是一味地爆发或克制怒火，我们就需要表达自己的感受，让别人知道我们的心声。这意味着我们要从"我"的角度出发，言简意赅地陈述："当……，我感到悲伤、愤怒、快乐、害怕……"。任何情绪都能这样表达，不局限于愤怒这一种情绪。敢于表达我们的感受可以巩固我们与他人的关系，让彼此更加信任与理解，同时减少人际威胁，也能避免自己夸大人际威胁。妮可拉的这个例子就表明了表达情绪的重要性。

一段时间以来，妮可拉一直在忙工作当中的一个项目。她投入了大量的时间和精力，项目进展也让她很满意。然而有一天，妮可拉从一位同事那里听说，经理正在考虑将这个项目转交给别人，她顿时又失望又生气。好在妮可拉冷静了几分钟，然后才去见的经理。她平静又坚定地表达了自己的失望和愤怒，讲述了自己一直以来的付出，项目当前的进展和下一步的计划。经理听完之后，对妮可拉付出的心血和奉献，以及她完成项目的信心很是满意，于是给了她更多时间来完成项目。此后，经理似乎在会议上也更关注妮可拉，比以往更频繁地询问她的意见。

在这个例子中，我们可以看到妮可拉从自身角度出发，讲述了自己目前为止的工作、计划，还表达了自己对于项目要拱手让人的感受。妮可拉就事论事，没有冲着经理大喊大叫，也没有诋毁可能要接手项目的同事。她在这个项目中的表现，以及对这个项目的争取得到了经理的认可，也增强了她与经理交涉、沟通的信心。

4. 开始、继续与终止一般性对话的能力

敢于与人交谈的能力是魄力的重要组成部分，我们要抓住机

会与人交谈，但是又不能让自己感到有人际威胁。我们可以谈谈周末的计划、天气或新闻（最好不要聊政治）。随意聊几句可以让人们相互了解、建立基本的信任。对于像康纳和妮可拉这样将他人视为威胁的人来说，不带感情色彩地随便聊两句可以帮助他们减少受威胁感。我们还可以稍稍延长对话，比如在走廊上、商店里或电话中多聊两句来锻炼这种能力。多聊两句可以让我们练习对话技巧，感受在平静、中性的情感状态下该如何与他人相处。

（二）关于走出愤怒陷阱的方法总结

本章介绍的所有概念都旨在让你掌握愤怒的不同应对措施。想要摆脱愤怒陷阱，我们就要接纳愤怒，对症下药。首先要学会让自己冷静下来，避免产生极度愤怒的情况。这样能让我们把愤怒控制在可接受范围内，并通过练习找到另一种处理愤怒的办法，而不是陷入克制愤怒和发泄怒火的恶性循环中。以不同的方式应对可控的愤怒，这意味着我们可以测试并降低对人际威胁的感知。长此以往，我们会越发相互尊重，彼此之间也会更加和谐。我们还是会感到愤怒，但是程度较轻，处理方式也会比以往对我们更有益。

七、总结

愤怒是一种重要的情绪，并非完全有弊无利。愤怒是对感知到的人际威胁做出的一种反应，让我们为重要的事情挺身而出，保护我们自己和身边的人。愤怒也鼓励我们在必要时接近和面对他人，在某些情况下它也会带来积极的结果。身陷愤怒陷阱无法自拔则不仅会令人非常痛苦，还会殃及他人。愤怒陷阱突出了愤怒反应中的"克制"和"爆发"两个循环，展示了学会更好地管理愤怒情绪可以让我们对症下药，恰当地表达愤怒，不再一味克制或爆发怒火。久而久之，我们就可以从不同的角度看待人生，人际威胁也随之减少。

第四章
厌恶

CHAPTER 4

厌恶，指某些事物让人有讨厌或嫌恶的感觉。造成厌恶的原因各种各样，从环境脏乱差、某些恼人的小动物、伤口和腐烂的食物，到作弊、撒谎或占小便宜等都能引起人的厌恶感。无论是哪种情况，都会让人有一种想远离的欲望。

在本章中，我们将探讨厌恶在各种情况下的功能，讲讲如何容忍厌恶，并做出有益的回应。

厌恶与所有情绪一样，会给我们的生活带来各种各样的问题，这些问题大致分为两种。一种厌恶会与恐惧相结合，一般与针对一些小动物、血液、污染或食物的恐惧有关。本章将围绕这些让人害怕的东西，来说明厌恶是如何与恐惧陷阱结合。另一种厌恶则是指在社会背景下的厌恶，这类厌恶通常和愤怒与羞耻共存，例如自我厌烦感，本章末尾会详细介绍。

一、理解与接受厌恶

首先，我们将探讨厌恶的原因、功能及其对情绪五元素的影响。做一下练习 4.1，看看你对厌恶了解多少。

练习 4.1　体会厌恶

想想最近一次你感到厌恶的经历。

你会如何描述那次体验？

你注意到了什么，意识到了什么？

是什么让你感到厌恶？

你的反应是什么？你做了什么？

后来发生了什么？

（一）是什么导致了厌恶？

在练习 4.1 中，你可能已经找到了许多会让自己厌恶的东西。让人厌恶的东西大致可以分为六大类[1]。

1. 不卫生

不卫生的行为包括吸鼻子、挖鼻孔、闻臭味，还有乱扔脏纸巾、用完马桶不冲水等。

2. 小动物

比如蛆、蛞蝓、蠕虫、蟑螂、老鼠、蜘蛛和密密麻麻的昆虫。

3. 性行为

滥交、卖淫和奇奇怪怪的性行为。

4. 怪异

行为怪异的人。

5. 伤口

割伤、溃疡和流脓的伤口。

6. 食物

变质或腐烂的食物。

有的人厌恶的东西比较小众，例如蜂窝、海绵或草莓上的小孔。[2]

这六大类别基本涵盖了大多数让人厌恶的东西。除此之外，我们还会对别人不符合公序良俗的行为感到厌恶。比如有的人会撒谎、偷窃、欺骗、占小便宜或不尊重他人。[3] 比起刚刚提到的六大类别，要判断由他人的哪种行为引起的厌恶感往往更加复杂。

（二）我们厌恶时，会发生什么事？

看看练习 4.1 中与情绪五元素相关的厌恶，你注意到了什么？厌恶和所有情绪一样，源于情绪五元素的变化，只不过其中一些变化比其他的更明显。

1. 感觉

我们经常会感到厌恶，但这种感觉通常很短暂，且程度较低，无法量化。[4]

描述厌恶感的常用词有不喜欢、反感、排斥、抵触、讨厌、痛恨和憎恶。如果我们因为某个人不讲卫生、外表邋遢或行为怪异而感到厌恶，那厌恶又可以称为蔑视。这是一种以高姿态低眼看人的行为。

2. 身体反应

厌恶对身体有独特的影响，会导致唾液分泌增加，造成强烈的恶心和排斥感。有时这种影响带来的反应过于强烈，甚至会引发呕吐。[5]厌恶与副交感神经（制动）系统的激活有关，但和其他情绪不同的是，厌恶会导致心率下降，[6]这也可能是晕血或晕针的原因。厌恶还会缩小我们的注意力范围，让我们只盯着让自己厌恶的东西。[7]

3. 面部表情

人类感到厌恶时会有一种特殊的面部表情。我们会抬起上唇，皱起鼻子，堵住鼻孔。我们还可能会张嘴，吐舌头。现在吐舌头已经在某些文化里有了独特的含义，就是为了表达反感和拒绝。[8]

4. 思维

我们感到厌恶时，并没有多少有意识思维（conscious thoughts）。我们的所思所想往往就代表了自己当时的厌恶，或者任何让我们感受到厌恶的东西，比如"呸！"或"恶心"。

不过，我们如何理解当时的情况也十分重要。比如说，我们可能会厌恶某些从来没有尝过的食物，厌恶那些难闻的味道或令人恶心的东西。[9]广告商会利用这种心理向我们推销杀菌清洁的产品，虽然我们看不见污垢，但他们的宣传会让我们有一种身边的东西都很脏的感觉，有必要尽快去清理。我们会先判断一个东西是否有传染性和相似性，如果有，那我们就会产生厌恶感。

传染性的意思是，一个原本不令人恶心的事物碰到了令人厌恶的事物，那么它也会变得让人感觉恶心。比如说，有一个人很厌恶某种食物，假如他自己的食物沾染了这种食物，那他就不会再吃了。不喜欢番茄的人会拒绝吃沙拉，就算番茄已经被从沙拉里挑出来了他也不愿尝一口。再比如，在缺水的国家，关于再利用处理过的废水的话题就一直争论不断。澳大利亚就是如此。尽管已经有成熟的技术能保障饮用水的安全，而且水资源不足会带来许多灾难性的影响，但大部分民众仍然反对饮用处理过的废水，其背后的主要原因正是人们对废水的厌恶。在这种情况下，"从马桶到水龙头"①之类的新概念尤其凸显了传染性对人们厌恶感的影响。[10]实验研究表明，哪怕果汁里的死蟑螂已经消过毒了，人们还是会对这杯果汁感到厌恶。该研究还发现，一件毛衣哪怕洗得再干净，如果杀人犯穿过，人们还是会厌恶这件毛衣。[11]

---

① 从马桶到水龙头，即"toilet to tap"，指一种通过渗透作用来净化水，从而循环利用水资源的方式。——译者注

相似性的意思是，一个事物看起来像其他令人厌恶的事物，那么它本身也会变得让人厌恶。西米，俗称木薯粉，在 2003 年度"最遭嫌弃的学校晚餐"榜单中名列前茅，这可能是因为它有个常见的绰号叫作"蛙卵"。再比如意大利面像蠕虫，豌豆像子弹。[12] 牡蛎也是让很多人都厌恶的食物，因为人们经常觉得它很像鼻涕。研究人员发现，如果把巧克力做成粪便的样子，那我们就会觉得很恶心，胃口全无，这也证明了相似性对厌恶的影响。[13]

> **厌恶通常来源于某种相似性或传染性。**

5. 行为

我们感到厌恶时的大多数反应都是与厌恶源拉开距离。这种反应与恐惧时的反应不同，因为我们不至于完全逃避令人厌恶的事情，只是想离远点。

如果我们觉得某种食物吃在嘴里很恶心，我们就会把它吐出来，皱起鼻子，屏住呼吸，能躲多远就躲多远。如果是其他什么人让我们厌恶，我们也会想尽办法远离他们，这种躲开他人并与之保持距离的行为也可以称为蔑视或回避。

（三）厌恶的作用是什么？

人类是杂食动物，吃的东西多种多样，这样虽然能够大饱口福，但是会有食物中毒或者营养不良的风险，这就叫作"杂食者的困境"。在这种情况下，尝试新食物与避免有毒有害的食物之间就形成了一种对立关系。[14] 厌恶维系了这种对立关系，可以帮助我们在尝试新食物的时候防范细菌、病毒和寄生虫等潜在病原体。瑞典有一家恶心食物博物馆，展示了珍贵食物与恶心食物之间的反差，比如用小老鼠泡的酒和腌羊眼。[15] 如果我们吃了可能有害的食物，我们会想要吐掉，严重一点的还会反胃。之后，我们也会避免接触任何与之相似的食物或者与它有接触的食物，这些反应都能保护我们免受疾病的侵害。

避开浑身脏兮兮的人，可能会让我们远离病毒或细菌。对他人的厌恶还能及时停止某些性行为，防止我们染上性病或影响后代健康。厌恶可以帮助我们筛选最合适的伴侣，避免我们与不合适的人发生性接触，比如和我们血缘关系太近的人。[16]

我们往往会极其厌恶他人不符合公序良俗的行为，对这种人唯恐避之不及。这种厌恶往往会与道德优越感结合在一起，也可以称之为蔑视。遭到蔑视的一方会感到非常不愉快，这一点在第六章关于羞耻的部分中会详细介绍。因此，人们会极力维护公序良俗，以社会可接受的方式行事。

自我厌恶会带来自我谴责，从而会进一步导致厌恶感和羞耻感。

> 厌恶可以保护我们免受病原体侵害，保证健康的性接触，维护公序良俗。

二、感到厌恶时，忍耐厌恶并采取有效措施

面对厌恶，最好的办法就是离开，与一切让自己厌恶的事物保持距离。通常这不难做到，我们可以远离生活中大部分自己厌恶的东西。

不过，与所有情绪一样，远离并不是我们唯一的选择，我们还可以选择忍耐厌恶。试着想几件需要你忍住厌恶继续面对的事情。许多职业都需要这种能力，比如管道工、保洁员和清洁工。同样，父母和宠物主人需要定期处理孩子和宠物的体液和粪便，也必须培养这种耐力。

如果我们增加对厌恶的容忍度，就可以稍稍改变自己对原本让自己厌恶的东西的态度，从而缓解厌恶感。请记住，厌恶来自传染性和某种相似性，而两者其实都是基于我们看待它们的角度。

传染性通常与过去出现过的东西有关，比如某些素来就遭人嫌弃的东西或者别人用过的东西。因此，过于关注传染性可能会增加厌恶感。如果我们躺在酒店房间的床上，想到之前许多人都在这张床上躺过，再想想他们可能做过的事情，我们就会不自觉地产生一种厌恶感，住得也会很不开心。如果我们只关注房间和床现在是什么样，关注自己当下住得舒不舒服，厌恶感就会减少，我们也就能够好好享受酒店服务了。

过度关注物体或人的相似性则会放大其相似性，也就是说面对两个不相关的东西时，会越看越像。比方说我们在吃西米的时候，如果一直想它与蛙卵有多像，还在脑海中回忆蛙卵的形象，

那我们就会觉得西米特别让人恶心。后来，西米以"泡泡茶"的形象又流行起来。我们将木薯与"泡泡"联想起来，不仅不会觉得恶心，还会觉得很有食欲。如果我们想要忍耐厌恶感，不妨留意一下当你感到厌恶时脑海中的图像，因为这样就可以用更全面的视角来看待它，达到增加或减少厌恶感的目的。

你可以在日常生活中练习这个方法。如果你正在做饭，你可能会专注于食物令人作呕的方面，例如，黏糊糊的蛋清、滑腻腻的生肉，或者某种食材的气味。我们可以先任由自己专注于这些令自己恶心的方面，将它们与其他一样恶心的东西联系起来。然后转移注意力，关注你喜欢的方面，比如香料或酱汁的味道。你应该能感受到厌恶程度的变化，尤其是胃部的感觉。

因此你厌恶某种东西时，比如某人的德行，你也可以想想自己的关注点在哪里。传染性和相似性是否左右了你的想法，让你感到过分厌恶？你是否能把注意力放在其他方面，减少厌恶感？

三、厌恶问题

一般而言，厌恶是一种有益的情绪，可以保护我们免受潜在疾病的侵害，确保后代健康并维护公序良俗。但有的时候，厌恶也会带来一些问题。厌恶的问题很少单独发生，一般会与其他情绪问题相结合。

厌恶与恐惧结合，会让我们极力逃避某些情况，无法正常生活。这常常体现为害怕小动物、流血的伤口、注射（晕针）以及污染（强迫症）。我们在社交时感到的厌恶可能会与愤怒或羞耻结合，导致严重的人际关系问题。这种情况可能会被确诊为抑郁症、双相情绪障碍或人格障碍等。

我们首先介绍厌恶与恐惧的关系，然后讨论厌恶和愤怒与羞耻的关系。

（一）厌恶与恐惧

有的人身陷恐惧陷阱的原因不单单是恐惧，还有厌恶。例如，蜘蛛和其他昆虫经常会同时引起厌恶与恐惧两种情感，血液也会引起人的厌恶感，有的人对污染既害怕又厌恶。此外，挑食也是一种厌恶与恐惧结合所导致的行为。

对这些东西的恐惧和厌恶都会导致人们陷入恐惧陷阱。我们已经了解到，我们在厌恶时的行为与恐惧时的行为非常相似，都同样会逃离与逃避，所以厌恶陷阱和恐惧陷阱也很类似。但我们在厌恶时不会有特定的思维方式，问题往往出在处理厌恶的方式上。如图 4-1 所示，恐惧陷阱左边多出来一个部分，即厌恶—恐惧陷阱。

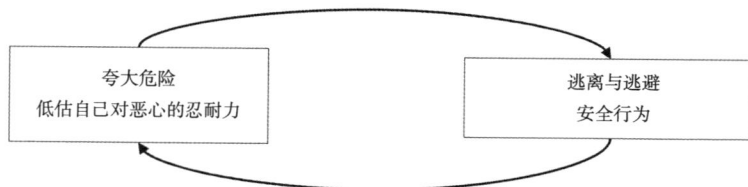

图 4-1　厌恶—恐惧陷阱

但无论是只有恐惧，还是恐惧与厌恶结合，两种陷阱右边的行为都相同，所以走出陷阱的方法也都相同。减少逃离与逃避和安全行为可以让爬虫类脑重新评估威胁，减少恐惧。同样，这样做也可以减少厌恶。不过，需要注意的是，减少厌恶可能比减少恐惧需要更长时间。[17]

> 减少逃离与逃避和安全行为可以像减少恐惧一样减少厌恶。

我们先依次以小动物、血液和污染为例来进一步说明这个理论，然后讨论挑食的问题。

1. 厌恶与对小动物的恐惧

对小动物的恐惧通常也伴随着厌恶。比较典型的例子是对蜘蛛的恐惧和厌恶，对小老鼠、蝗虫和蟑螂等小动物的恐惧和厌恶也很常见。举个例子。

德斯蒙德从小就害怕蜘蛛。他记得祖母也特别害怕蜘蛛，她从橱柜和储藏室拿东西之前都会检查里面是否有蜘蛛。德斯蒙德表示自己知道他遇到的蜘蛛其实都没什么危险，但他靠近蜘蛛时还是会忍不住害怕。他还说，自己一想到蜘蛛腿就会不寒而栗，而且他觉得如果蜘蛛毛茸茸的腿碰到自己的皮肤，他就会生病。因此，德斯蒙德多年来一直在躲着蜘蛛，他会拜托其他人把蜘蛛从房间扔出去，自己进房间之前也会仔细检查，也不会去有大量蜘蛛生存的地方度假。

德斯蒙德的例子就说明了他对蜘蛛的恐惧和厌恶。两种不同的情绪都带来了逃离与逃避的行为，让德斯蒙德夸大了蜘蛛的危险。他总感觉，如果自己碰到了蜘蛛就会生病，这种心态也表明了他害怕自己无法控制厌恶感。他完全可以通过恐惧陷阱所展示的道理来认识自己的处境，当然我们也可以在其中加入厌恶的元素（图4-2）。

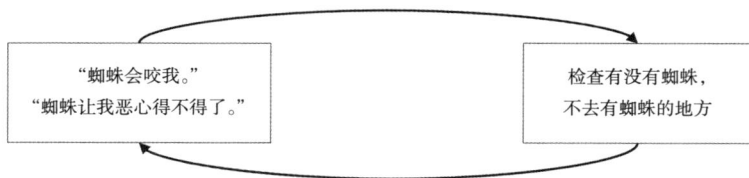

图 4-2　德斯蒙德的厌恶—恐惧陷阱

德斯蒙德可以参考第一章关于恐惧的内容来走出自己的恐惧—厌恶陷阱。他需要减少逃离与逃避和安全行为，让自己的爬虫类脑意识到，首先，蜘蛛并没有想象中那么危险，其次，他完全可以比想象中更好地处理自己的厌恶感。厌恶就像恐惧一样，我们对它的了解越深入，它就越不可怕。德斯蒙德可以看看蜘蛛的图片或视频，或者接近蜘蛛，再勇敢点的话可以请别人帮忙抓一只过来，然后自己试着用手拿。这样的话，他就会慢慢变得不那么害怕了，也不会觉得蜘蛛有那么恶心了。不过德斯蒙德可能需要些时间才能自己亲手拿起蜘蛛。

2. 对流血与感染的恐惧

对血液和注射的恐惧最常见的表现是晕厥。晕厥由心率和血压突然下降引起。很多人一看见血就会被吓晕，这也意味着他们低估了自己处理流血事件的能力。

每个人都有可能晕血，特别是以前有晕厥史的人。我们可以通过应用张力法（applied tension）来缓解这一状况。[18] 应用张力法的原理是在血压降低之后，立马绷紧浑身的肌肉。这样可以升高血压，抵消厌恶导致的血压下降，从而降低昏厥的可能性。应用张力法的操作很简单，绷紧身体的所有肌肉，从脚、小腿和躯干，一直到手臂、颈部和头部的肌肉。

在减少逃离与逃避和安全行为的同时，采用应用张力法，可以让爬虫类脑认识到自己在夸大威胁，这不仅能让人树立信心，还能让人直面厌恶和昏厥。

3. 污染

厌恶和恐惧结合，还有一个表现是恐惧污染，又名"污染强迫症"（contamination obsessive compulsive disorder）。

雪莉向来爱干净，自从母亲生病后，她对清洁更是越来越在意了。雪莉经常想到自己或家人会生病，这些想法让她不寒而栗。如果她感觉自己很脏，她全身上下都会打个寒战。于是，她就会不停地打扫，直到自己不再害怕，但这种感觉似乎总会卷土重来。如果有人从外面走进屋子，她会感觉他们身后留下了一串泥脚印。雪莉已经害怕得都不敢出门，她觉得如果出去一趟，回来就得花很长时间洗澡、打扫房子，那还不如待在家里。

雪莉害怕生病，其实背后的原因是她厌恶脏东西。恐惧和厌恶都会导致过度清洁和逃避与逃避行为。雪莉的恐惧—厌恶陷阱如图 4-3 所示。

图 4-3　雪莉的厌恶—恐惧陷阱

她必须学会减少逃离与逃避和安全行为，才能摆脱厌恶 - 恐惧陷阱，让爬虫类脑意识到自己其实夸大了威胁，自己其实可以应对脏东西。正如前文所述，雪莉会发现自己的厌恶感降低得没有恐惧感快，但自己要比想象中更能忍受厌恶，厌恶终究会慢慢消去。

4. 挑食

厌恶还会影响人们的胃口和饮食习惯。许多孩子都会有挑食或选择性进食的情况，例如，不喜欢吃鱼、蔬菜、鸡蛋或蘑菇。挑食一般不是什么大事，因为孩子们喜欢吃的东西很多，而且他们长大之后也会不断尝试不同口味。但有的人长大了也会挑食。

有些年龄较大的儿童和成年人会发现自己的饮食习惯过于挑剔，导致自身营养不良或者不能外出就餐，也不能与朋友分享食物，影响正常的社交生活。[19]

挑食的主要问题与前面几种问题类似，即人们夸大了与食物相关的威胁，结果导致自己窒息或呕吐，却不知道自己其实能忍住恶心。导致这种状态持续的罪魁祸首正是逃避。我们会逃避心中让自己感到恶心或有威胁的食物，让爬虫类脑不断地夸大这些食物的威胁，从而低估自己容忍厌恶的能力。

摆脱厌恶—恐惧陷阱的方法与摆脱恐惧陷阱的方法一样。使用第一章介绍的舒适区三圈理论，慢慢尝试新食物，感受不同的口感、气味和味道，可以增加对恐惧和厌恶的容忍度。渐渐地，我们就不会夸大威胁，也会越来越能忍住恐惧和恶心。长远来看，与这些食物相关的恐惧和厌恶都会减少，只不过厌恶可能需要更长的时间才能完全消失。[20]

（二）厌恶、愤怒与羞耻

到目前为止，我们讨论的内容主要集中在对事物的厌恶上，而由人引起的厌恶则会导致不同的问题。

如果我们极其厌恶某人，可能是因为我们觉得他以"令人厌恶"的方式对待我们或我们关心的人。这时候我们往往会感到愤怒。因此，如果我们对他人厌恶过头，那我们很可能会陷入愤怒陷阱。我们眼里恶心的行为代表着威胁，愤怒陷阱也就随之而来。有关愤怒和愤怒陷阱的完整介绍，请参阅第三章。

正如前文所述，厌恶会让我们回避，让我们跟自己觉得讨厌的人保持距离。而如果其他人因为厌恶我们而回避我们，会反过来让我们感到羞耻。我们也可能因为觉得自己有某种缺陷或不好的地方，从而认为自己整个人或某些方面令人厌恶，从而导致产生所谓的自我厌恶。这也会让人感到羞耻。有关羞耻和羞耻陷阱的完整介绍，请参阅第六章。

四、总结

我们通常把厌恶看作是最原始的情绪之一。从进化论的角度看，人类产生这种情绪的原因与其目的密切相关。厌恶现在仍是我们的一道重要屏障，保护我们免受潜在病原体侵害，从而避免感染疾病。厌恶让我们吐出或者排出有害物质，避免潜在的危险。

另一个引起厌恶感的原因是我们或他人没有达到社会的期望。这种情况下的厌恶情绪更为复杂，与愤怒、羞耻和蔑视掺杂在一起，可以达到维护公序良俗的目的。这种厌恶问题会导致严重的愤怒和羞耻问题，详情请参阅本书第三章和第六章。

第五章
内疚

CHAPTER 5

我们感到内疚是因为觉得自己犯了错。虽然内疚不如本书中其他的情绪那么强烈，但它的影响时间很长，对我们思维方式的影响很深，往往会让我们全神贯注于感到内疚的事情，反复琢磨该怎么弥补。

内疚是一种社会情绪，督促我们谨言慎行，避免我们在言行上有失偏颇。同时，内疚还能纠正我们可能犯的错误，让我们与周围的人保持积极和相互信任的关系。与第四章的厌恶、第六章的羞耻等其他情绪一样，内疚也可以有效地将社区和人们团结在一起。

但是，有时内疚感也会挥之不去，让我们久久不能释怀。这可能导致我们迷失在过去里，在脑海中一遍又一遍地回想已经发生过的事情，或者有一种被任务和责任压得喘不过气的感觉。内疚问题通常不会自己莫名其妙地出现，一般会和恐惧与悲伤一起出现。这可能导致人们在心理健康诊断中转而关注恐惧与悲伤。内疚的问题通常与抑郁症、强迫症和创伤后应激障碍等诊断结果结合在一起。

内疚陷阱说明了内疚如何把我们困在过去，让我们不停地钻牛角尖，试图去纠正或修复我们无法弥补的事情。内疚陷阱这部分内容还概述了内疚主要会在哪两种情况下产生问题，并介绍了解决这些问题的方法。

一、理解与接受内疚

内疚会影响我们的思维、感觉和行为，不过对面部表情和身体的影响较小。内疚的原因不同，影响也不同。练习 5.1 会帮助你开始思考什么是内疚。下面则会更详细地探讨这个问题。

练习 5.1　体会内疚

想想最近一次你感到内疚的经历。你可能还有其他感觉，例如悲伤或恐惧，但现在我们只关注内疚。

你会如何描述那次感受？

你注意到了什么，意识到了什么？

是什么让你感到内疚？

你的反应是什么？你做了什么？

后来发生了什么？

（一）是什么导致了内疚？

练习 5.1 要你记住自己感到内疚的那一刻，并思考是什么让你产生内疚感。你的描述可能以"我……"开头，这是因为内疚与外界因素无关，而是与我们自己的行为有关，让我们有一种自己犯了错的感觉。这种错误可能是我们做了不应该做的事情，也可能是我们应该做但还没有做的事情。

> 内疚源于我们觉得自己犯了错。

内疚比本书到目前为止所概述的任何情绪都更复杂。我们要有道德感和一套自认为应该遵守的标准或价值观，才会感到内疚。如果我们感觉自己的行为不符合这些标准或价值观，就会感到内疚。[1] 幼儿通常不会感到内疚，因为这种情绪较为复杂，比其他情绪出现得晚，人类大约 18 至 24 个月大时才会开始有这种情绪。

回忆你在练习 5.1 中写下的关于内疚的例子。在你内疚的时候，你觉得自己没有达到的标准或价值观是什么？我们往往会通过"我应该……"或"我必须……"等说法来表达内疚感。我们每个人都有各种自己在生活中养成的标准，这些道德标准可能来自我们的父母或其他亲人，也可能是受到了朋友和同龄人的影响，还有可能来自我们所处的文化环境或者信仰的宗教。这些标准和价值观很重要，深深地影响着我们一生中的许多决定。练习 5.2 会帮助你思考一些对你尤为重要的标准和价值观。

练习 5.2　标准和价值观

生活的哪些方面对你来说特别重要？下面概述了一些可供参考的大类，试着找出每个大类里对你来说重要的东西，并确定自己的价值观或标准。有些想法可能会通过"我想成为……"表述出来，有些想法则更贴近"我应该……""我应当……"或"我必须……"。

①工作、教育、成就

②健康、健身、饮食、容貌

③礼仪、社区、其他人

④家庭（包括育儿）

⑤宗教

你自己有没有在反复尝试什么特别的事情？

你有没有格外关注到别人的事情，或者对别人有什么看法？

你觉得其他人会说哪些对你而言很重要的标准或价值观？

有的标准或价值观相比其他的而言更加重要，所以如果你觉得每个都重要，那就先选择最重要的。

有些价值观在不同的文化里都会受到认可，有些则不会。大多数文化都有涉及伤害和杀害他人以及某些性行为的价值观和标准。此外，不同个人和不同文化也都有各不相同的重要价值观。例如，食用某些动物或者饮酒，这些行为可能会与某些文化的准则背道而驰，而在另一些文化中则会受到允许。正是因为标准和价值观存在这种可变性，所以我们感到内疚的情况也因人而异。

你会认可自己在练习 5.2 中写的大部分价值观和标准，这能帮助你按照自己想要的方式生活，而且往往也能让你和身边的人和谐共处。但有的时候，你为自己设下的这些条条框框过于极端或呆板，这就可能让你在处理内疚方面出现问题，或者让你无法采取正确行动避免内疚感，本章稍后会介绍。

（二）我们内疚时，会发生什么事？

内疚对引言中概述的情绪五元素有显著影响，但在某些方面的影响更为微妙，因此内疚比本书目前为止所提到的其他情绪更难以让人察觉。

1. 感觉

我们经常会感到内疚。内疚不像恐惧和愤怒等情绪那么强烈，但往往会持续几个小时或一整天。这是一种令人不愉快的情绪，并且与其他情绪一样，程度也有深有浅。描述内疚的词不太多，比如遗憾和悔恨。

2. 身体反应

内疚对身体没有特别的影响，也不会造成特殊的生理变化。有时人们在内疚时会觉得"如鲠在喉"，但其实这种感觉在悲伤中更常见。[2]

3. 面部表情

与身体反应类似，内疚很难通过面部表情表达出来。内疚独有的面部表情很少，这常常为侦查犯罪情况带来困难，即使嫌疑人非常年轻，还不能很好地掩饰自己的面部表情，我们也难以从他们脸上看出内疚来。不过，内疚会让我们低下头，眼神躲闪。[3]

4. 思维

内疚对我们的思维有深刻的影响。我们在内疚时会思绪万千，所思所想大致可分为两类：第一类与导致我们感到内疚的缘由有关。我们发现自己在不断地钻牛角尖，不停在想自己做了什么或者还没做什么，想知道"为什么？"和"如果……会怎么样？"。第二类就是如何处理内疚感。我们在脑海中排练回放各种场景，比如想办法如何跟别人解释我们的所作所为，以及如何道歉或弥补自己的行为。[4]我们也会考虑每一种可能的结果，这就会产生其他情绪。例如，为我们自己臆想的损失悲伤，或害怕别人发火。这些想法会在我们的脑海中反复出现，分散我们对其他事物的注意力，让我们精神紧绷，难以入睡。

5. 行为

我们对内疚的直接反应是想要退缩。脑海中的各种杂念和想法，以及不愉快的内疚感，都会让我们想要一个人静静。至少在我们找出弥补方法之前，我们不愿意与他人接触，不想把自己的错误行为告诉他们，而是将其深埋在心里。这种情况与悲伤时的情况类似，但反应通常不如悲伤那么强烈。

我们也会想弥补过错，修复因我们的作为或不作为而导致的损失。我们也许可以挽回局面，或者可能不得不做些别的事情来弥补。比如，我们需要承认自己的所作所为，向自己错怪了的人道歉，或者向权威人士忏悔。权威人士可以是法律或宗教领袖，也可以是父母或祖父母之类的道德榜样。

> 内疚迫使我们反复琢磨已经发生的事情并思考如何弥补。

（三）内疚与大脑

处理内疚这种情绪所需要的理性脑行为，远远多于本书目前为止提到的其他情绪所需要的。内疚并不是对外部威胁的原始反应，而是对我们自己不符合标准或价值观规定行为的评估。当内疚还没有完全占满大脑时，我们很可能就会发现自己思绪万千，琢磨着如何纠正自己发现的错误。如果处理内疚时遇到问题，可能是因为理性脑对信息的处理有失偏颇或方式不当，本章稍后将对此进行介绍。

（四）内疚的作用是什么？

内疚是人类社会生活中的一种重要情绪，有时又叫作社会情绪或道德情绪。内疚的主要功能是督促我们遵守社会普遍认可的道德标准，与周围的人形成并保持积极的信任关系。

由于内疚源于我们自己的行为，所以我们通常可以选择是否要感到内疚。避免内疚最简单的方法是不做出格和缺德的事情。如果我们的行为符合自己的标准和价值观，我们就不会有这种令人不愉快的内疚感，且能够与他人保持良好的关系，从而为一个积极且充满关爱的社会添砖加瓦。[5] 如果我们的行为方式不符合自己的标准和道德准则，那么减少内疚最有效的办法就是亡羊补牢。承认错误、道歉和纠正错误是最有助于减少内疚的行为，而且也有助于修复人际关系，维系人与人之间的信任感和积极性。

> 内疚帮助我们与周围的人形成并保持积极、信任的关系。

二、感到内疚时，忍耐内疚与采取积极的应对措施

内疚源于我们认识到的错误，也就是我们觉得自己的行为没有达到标准。

感到内疚时，我们不妨问自己两个问题："我做了什么？""我现在能做什么？"

（一）我做了什么？

首先，我们需要想明白自己到底做错了什么，也就是我们做

了哪些或者没做哪些事情让我们觉得自己没有达到标准？我们是否知道我们应该做些什么或希望采取怎样的行动？

如果我们真的做错了事，感到内疚是理所应当的，那我们可以继续内疚下去。然而，如果是因为思维方式有失偏颇或扭曲而导致内疚，我们可以采纳内疚问题部分中提到的理论来寻求解决方法。

想明白自己做了什么之后，还思考我们为什么会感到内疚就有点多余了。一旦我们清楚这一点，就应该赶紧思考下一个问题。

（二）我现在能做什么？

有时，导致内疚的事情发生之后，我们能选择的方法有很多。我们感到内疚时，会不由自主地钻牛角尖，在各种选择之间徘徊。如练习 5.3 中所述，若要避免不自觉地钻牛角尖，我们可以采取更积极的方法，思考自己现在做什么会对缓解内疚有所帮助。

内疚是一种会让我们内耗的情绪，并且往往挥之不去。最有效的应对方式就是去弥补，胡思乱想无法摆脱内疚感。我们采取行动的速度越快，于人于己就越好。[6]

处理内疚感最有效的方法是尽快弥补。

练习 5.3　应对内疚

感到内疚时，我们不妨问自己两个问题，"我做了什么？""我现在能做什么？"

"我做了什么？"

首先，你需要清楚自己做错了什么。

你对什么感到内疚？

你认为自己应该或者不应该做什么？

其他人是否也觉得你做错了？

"我现在能做什么？"

你需要赶紧动手做你该做的事情。沉溺于内疚毫无益处，行动才是应对内疚最有效的方式。

有什么你可以做的吗？

你需要对谁负责？还有其他人吗？

不管有多愚蠢，你到底有多少选择？

这些选择里哪个最好？为什么？

如果选择好了，你是否需要其他人的建议或帮助？

现在就做！

（三）帮助他人应对内疚

别人感到内疚时的情况通常与我们感到内疚时非常相似。还是那两个问题，"你做了什么？"和"你能做些什么呢？"。他人应对内疚同样需要采取行动，而不是钻牛角尖。其他人感到内疚时，我们可以帮助他们评估其结论是否合理。我们也可以支持他们采取行动，少花点儿时间钻牛角尖。

三、内疚陷阱：内疚问题

就像本书中的所有情绪一样，内疚对我们是有帮助的，但有时也会对我们的生活产生负面影响。这些影响可分为两大类：极端或限制性标准问题，以及对事件的误解问题。人们出现这些极端行为问题时，可能会被诊断为抑郁症或创伤后应激障碍。

正如本章前文所述，内疚与我们如何根据一套标准或价值观来看待自己的行为直接相关。如果我们遇到内疚问题，比如陷入过度内疚，或是让内疚掌控了自己的生活，那么就会有一种被夸大的责任感。这种被夸大的责任感会深化内疚感，让我们远离他人，让我们在自认为有责任的事情上钻牛角尖，想方设法来弥补。然而问题是，这些行为会妨碍我们评估自己到底该付多大的责任。内疚陷阱如图 5-1 所示。

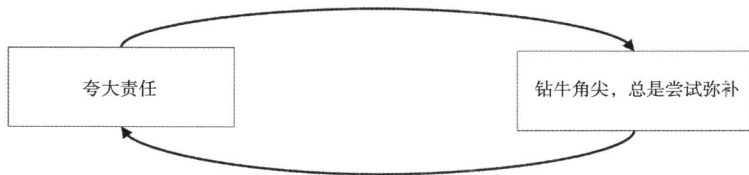

图 5-1 内疚陷阱

内疚是我们为自己制定的标准和我们如何看待自己有违这些标准的行为之间矛盾的产物。二者之间的矛盾可能会导致我们夸大责任。极端或限制性标准会带来问题，会导致我们在日常生活中频繁且持续地感到内疚，从而加剧无益的行为。对情境的误解也容易导致内疚问题，这些问题与少数重大生活事件相关，我们很难从这些事件中走出来。在不同情况下，夸大责任的原因也各不相同，接下来的内容会依次探讨这些情况。

（一）极端或限制性标准

人们陷入内疚陷阱的一个常见原因是标准过于极端或限制性太强。这些标准在许多情况下都会导致夸大责任。举一个强调了这方面的例子。

艾琳刚刚组建了自己的家庭，同时还在做兼职工作。她总是忙个不停，工作的时候要承担许多额外的任务，生活中还要照顾孩子和做家务。艾琳马不停蹄地忙着，很少出去玩，尽管丈夫鼓励她坐下来放松一下，但她还是从早到晚连轴转。艾琳说她"必须做点什么"，如果她试图和丈夫或孩子一起坐下来放松，就会感到内疚，惦记着所有需要做的事情。于是，她会对自己说："继续忙起来就能好受点了。"

因此，艾琳一直都在非常努力地工作。她太忙了，这甚至影响了她对自己的看法以及与丈夫和孩子的关系。艾琳一直在避免这种放松时的内疚，从某种角度而言，这意味着放松或拥有自己的时间不符合艾琳为自己设定的标准和价值观。艾琳可能有"我必须始终保持高效"或"如果需要做某事，那么就该由我来做"的自我约束标准。这些都是过于极端的标准，让她承担了过于沉重的责任。艾琳要么努力尝试达到这些标准，让自己筋疲力尽，无法享受生活；要么试着放松一下，却发现自己变得内疚。这两种选择都会导致艾琳与周围的人疏远和脱节，对她的生活产生负面影响。这在艾琳的内疚陷阱中有所体现（图 5-2）。

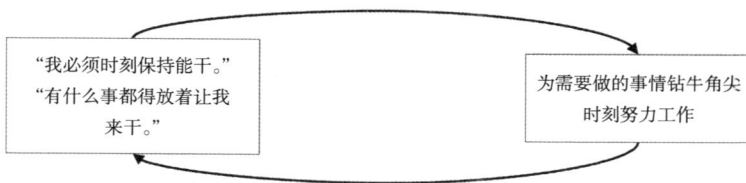

图 5-2 艾琳的内疚陷阱

艾琳一直以来兢兢业业，严于律己，但有时她也会发现自己想要放弃，想停下来歇一歇。这时她就会感到内疚，或者感到悲伤（第二章）和羞耻（第六章）。

> 极端标准导致夸大责任、强烈内疚、钻牛角尖和超负荷工作。

在这个例子中，我们可以看到，艾琳一直在坚持向这些标准看齐。实际生活中，其他人可能会用这些高标准来要求我们。例如，如果他们在我们犯错时感到失望或生气，就会给我们强加一个不应犯错的标准。如果他们因为没有受到重视，或是觉得我们没有考虑他们的感受而沮丧时，那么他们带来的标准即是自己应该受到重视。这些状况会让人有"负罪感"，他们利用内疚感来让我们按照他们的意愿行事。

我们持有的标准往往是我们赖以生存但可能未开口说过的信念。通过本章，你可能已经更清楚自己的标准了。你可以找出问题最大的几条，用文字表达出来，这可以帮助你衡量一下它们究竟能有多大影响。[7]练习5.4会介绍一些理论，用于识别极端标准。

练习5.4 识别极端标准

先找出你的标准和价值观，这会对你有所帮助，让你换位思考，扩大视野。当然，与其他人一起找也是不错的方法。接下来，找出极端标准，这可以帮助你先从生活中最困难的方面出发，考量你在哪些方面给自己设下了不合适的标准。

在练习5.2中查看你描述的标准和价值观。极端标准看起来更具限制性，这一点会体现于你的描述方式中，比如，你可能会写出"我应该……""我必须……"或"我应该总是／从不……"这样比较极端的表达。

试着找出自己的极端标准，改写得更极端一点，看看自己是否仍然认可。

如果你写了"我应该永远尽力而为"这句话，你是否也同意"只有 100% 的努力才算努力"？

如果你写了"我应该做一个好母亲（父亲）"这句话，你是否也同意"我的孩子应该从来都没有快乐过"？

如果你写了"我应该帮助我周围的人"这句话，你是否也同意"我必须万事先人后己"？

用双重否定句表达你的标准，看看它们是否变得更加极端。

"我应该永远做好"可能会变成"我绝不能犯任何错误"。

"我应该乐于助人"可能会变成"我决不能让任何人失望或沮丧"。

再想想你自己的行为。即使你知道自己写下的标准太过极端，是否还是会尽力贴合这些标准？

"我知道自己并不能擅长所有事情，但我尽力表现完美。"

"我知道不可能每个人都一直喜欢我，但我尽力取悦所有人。"

一旦你找到了极端标准，就可以开始仔细考量一下这些标准。你可以想想这些标准究竟从何而来、它们的影响程度如何，以及你是否想要改变它们。练习 5.5 会帮助你完成这几步。

练习 5.5 质疑极端标准

现在你已经找出了自己的极端标准，你可以开始质疑它们，甚至做出改变。

这些标准从何而来？

你生活中是否还有其他人也有这些标准？

你的生活中是否有人因为你遵循这些标准而受益？

你是否因为过去的经历而设下这些标准？

这些标准有对你多大影响？

这些标准有什么优点？

这些标准有什么缺点？

这些标准是否有时不起作用？

这些标准是否也能适用于你生活中的其他人？

有没有其他选择？

你是否认识没有设置这些标准的人？

他们有什么样的标准？

他们如何处理事情？

你会如何调整自己的标准，使其更加灵活？

这些标准是否需要修改？

你是否有时候想优先做其他事情？有没有这个标准不适用的时候？

有了新标准，你会做出什么改变？

你会要求自己做出什么改变？

你会怎么记住这些新标准？

你会如何坚持以新标准行事？

你对这些标准中可能存在问题的方面有所了解之后，就可以考虑用哪些不那么极端的标准来取而代之了。最重要的一点是，要让自己少承担一点责任，承认自己并不能控制一切，对于生活的某些方面自己其实无能为力。新的标准应该会让你更加游刃有余地应对生活，让你一身轻松。

最后一步是将这些新的标准、你将要做的事情以及你按照这些标准行事时可能的行动联系起来。最初，你可能会发现自己的内疚感增加了，这是因为你没有遵循以往的标准。但久而久之，内疚感会逐渐减少，并且随着你越来越熟悉新标准，内疚感也会越来越轻。

艾琳可以对自己的标准做出哪些改变呢？

她可以先看看自己有哪些标准，考量一下这些标准对自己有多大影响、是否有效。对于影响不好的标准，艾琳可以按照前面提到的步骤做出调整，改变对自己的期望，多给自己一点空间，减轻内疚感。

一天晚上，艾琳和丈夫讨论了自己有多忙，以及为什么即便有时候没有必要，自己还是做这么多。她发现自己一直在说她从小到大的生活，她的母亲也是一辈子操劳。可以看得出来，她给自己设下的这些标准其实来自她儿时的经历，她还记得自己曾经为没有和母亲一起做更多有趣的事情而感到难过。在这之后，艾琳与母亲回忆了这些往事。这让艾琳开始质疑这些标准，觉得自己没必要总是这么忙碌，她应该做出改变，多花时间陪陪孩子。

一开始，艾琳对自己非常严格，每天晚上都要抽出一些时间陪陪孩子和丈夫。慢慢地，艾琳的标准也变得不那么呆板了，她可以更得心应手地应对各种事务。

（二）曲解情境

引起内疚的还有一些其他问题，比如我们难以释怀的某个特定时刻或事件。这通常是因为我们夸大了对特定事件的责任，对情境有所误解。藤原浩的例子就强调了这一类内疚问题。

有一天晚上，藤原浩开车送他的哥哥沈回家，途中为了避开一只动物，他不得不急转弯，因此车子失去控制，撞上了一棵树。藤原浩和沈虽都没有大碍，但沈落下了背痛的毛病，走路也十分困难。沈并没有因为这次事故责怪藤原浩，而是调整了自己的生活来应对这些困难。对于通过理疗所取得的康复效果，他也很乐观。沈其实心里还装着其他事，因为他正在办理离婚，这比车祸后遗症让他痛苦得多。然而，藤原浩一直在为这起事故责备自己。他总是忍不住想这件事，尤其是看到哥哥受伤病折磨的时候。事实上，藤原浩认为，沈离婚以及他们兄弟二人之间的所有问题，都是他造成的。他觉得要不是那场车祸，这一切问题都不会发生。他纠结于已经发生的事情，总是想自己本可以如何如何。即便自己的人生一帆风顺，藤原浩也常常感到难过，甚至当他的孩子们取得成就时，他也会觉得很糟糕。这件事埋在他心里，总让他感觉哪里不对劲。

藤原浩的内疚与一个特定的大事有关。他对车祸感到内疚，觉得自己本可以不撞到树上，当时应该用其他办法避免事故的发生。藤原浩的内疚陷阱如图 5-3 所示。

图 5-3 藤原浩的内疚陷阱

藤原浩虽然知道哥哥明白他不是有意为之，也没有责怪自己，但在他看来，这起车祸就是他的错，之后发生的一切都与车祸有关。内疚发挥了作用：藤原浩全神贯注于这起车祸，并试图做一些事情来弥补。然而，问题在于他并不能"撤消"这起车祸。结果，藤原浩就困在了过去的罪恶深渊中，走不出来了。这在藤原浩的内疚陷阱中有所体现。

藤原浩的经历说明了夸大责任与曲解事实会如何导致内疚问题。[8] 作为司机，藤原浩固然对事故负有一定的责任，但他不应对车祸以后发生的所有事情都承担责任。哥哥离婚也不应由他来承担责任。由于夸大责任，藤原浩陷入了内疚陷阱，做什么事都畏手畏尾。如果他的内疚感再强烈一点，就会开始贬低或惩罚自己。他一直试图弥补这件事，减少自己的内疚感。[9]

人们遭遇不幸之后，确实会很容易夸大自己的责任。这种情况通常发生在出人意料或非比寻常的重大事件之后，也正是因为这样的特点，这些大事让人难以释怀。这种心理叫作"幸存者的内疚"。这些事情包括事故、灾难、袭击、战争、疾病，以及任何导致生活或环境发生重大变化的事件。人们看待这类事件的一种方式就是自责，继而产生责任感。通常，这种内疚来自责任感，即认为自己应该对部分或完全超出自身控制能力的行为负有责任。

> 夸大自己对困境的责任可能会导致深陷内疚陷阱。

人们特别容易以这种方式误解童年时期发生的事件，举例如下。

克莉奥的父母似乎一直都很恩爱，直到有一天他们告诉克莉奥，他们要离婚了。克莉奥的父亲搬了出去，而她和母亲的日子照旧。克莉奥去探望父亲时，发现他独自一人住在简陋的小房子里。她感到很内疚，因为父亲孤苦伶仃，生活条件也不算好。克莉奥时常想起父亲，想起他以前的样子。她每天都会给父亲打电话，尽管不喜欢父亲的住处，但她还是会去陪陪他，并且经常让母亲邀请父亲一起吃饭，共度周末。

这个例子中，克莉奥之所以感到内疚，是因为她自己可以继续过着舒适的生活，而父亲的生活却大不如前。内疚发挥作用，让克莉奥想了很多关于父母离婚的事情，希望做些什么来改善现状。她感到内疚，也是因为她在某种程度上觉得自己才是导致父母离婚的原因。实际上，克莉奥还只是个孩子，她对父母的离婚不负任何责任。她无法让父母重归于好，也不能改善父亲的生活条件。这在克莉奥的内疚陷阱中有所体现（图 5-4）。

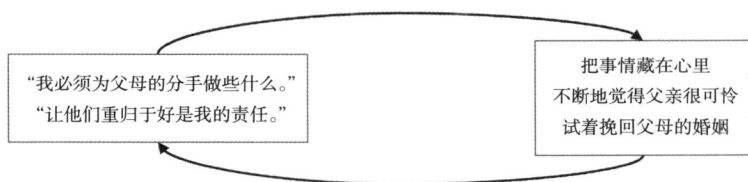

"我必须为父母的分手做些什么。"
"让他们重归于好是我的责任。"

把事情藏在心里
不断地觉得父亲很可怜
试着挽回父母的婚姻

图 5-4　克莉奥的内疚陷阱

如果内疚陷阱是因为曲解情境导致对责任的夸大，那么摆脱内疚陷阱的唯一方法就是探究情境，找出正确的理解角度。

人类理性脑的功能是找出物质世界的规律，尝试理解正在发生的事情，然后预测未来。

如果我们知道明天和今天差不多，就可以在此基础上做出计划。这个过程有助于我们掌控发生在自己身上和周围的事。当发生在我们身上的事情失去控制，或是变得捉摸不定时，问题就出现了。如果我们觉得自己有控制力和影响力的话，那就意味着我们认为自己应该对事件承担的责任要比本该承担的多。还有一种情况是我们感觉到完全失控，无法掌控任何事情。

在经历这些困难之后，我们面临的挑战是，把那些意想不到的、不寻常的和随机发生的事情融入我们看待自己的方式中，这样我们才能认识到自己并非总能掌控全局。要想做到这点，我们需要思考和讨论情境、理解情境，让我们的理性脑获取信息，找出解决办法。

但我们在遇到困难时，本能的反应往往是逃避，不思考、不谈论。这个过程很困难，令人痛苦，我们不想再次感受这种痛苦，也不想让其他人感受这份痛苦。可问题是，如果不好好想清楚发生了什么，与他人讨论明白，我们就无法真正理解当时的情境。那么这件事对我们而言，就仍然神秘且怪异，而我们本可以做些什么来改变我们的这种感觉。这种思考方式使我们产生一种责任感，从而感到内疚。内疚让我们纠结于这些事情，纠结于我们可以做些什么，还会对我们的行为方式产生巨大影响。我们对这件事思考过多，因为我们曲解了情境，所以这件事会在我们的脑海中挥之不去，让我们陷入内疚陷阱。

若要走出这种内疚感，我们可以从一开始就谈论、思考和记住那些我们看到、听到、闻到和感觉到的事物或事情。我们要从真相出发，而不是基于误解来看待发生的事情；要看透事情的本质，而不是流于表面。从事情本质出发可以带来新的视角、想法和思维方式，久而久之，我们也会审视自己对事件的看法，减少内疚感。[10] 举例如下。

藤原浩和家人去拜访哥哥的前一天晚上，他无意中对妻子说，也许他们应该避谈要搬去新房子住的事情。他的妻子不明所以，于是他们进行了一次谈话。藤原浩告诉了妻子自己对那次车祸的感受。妻子本以为藤原浩已经释怀了。她说，早在车祸发生之前，沈的夫妻关系就已经很紧张了。藤原浩和哥哥沈到哥哥家后，以前根本没有怎么谈论过那次车祸事故，这次藤原浩打开了话匣子，最终和哥哥敞开心扉，谈了谈这件事。沈说，实际上，那次车祸让他意识到自己在这段夫妻关系中非常无助，或许分开是最好的选择。他还说很怀念和藤原浩在一起的时光，特别是现在他孤身一人。他问弟弟能否多花些时间与他相处，帮他走出离婚的阴影。藤原浩意识到，他可以做一些事情来帮助哥哥。他发现沈并没有像他那样在那次车祸事故上钻牛角尖，于是他感到不那么内疚了，这件事对他来说也就过去了。

有一天，克莉奥离开父亲的住处，回过头从窗户处看到父亲独自一人坐着，一脸悲伤。她立刻哭了起来，母亲赶忙问她怎么了。克莉奥把自己的感受告诉了母亲。母亲解释说，他们分居与克莉奥无关，他们仍然爱着她。那天之后，克莉奥与父亲谈了心，父亲解释说，搬出去是他自己的选择，与克莉奥无关。父亲还说，他正在找一个可以久住的地方，条件比现在好。父亲问克莉奥，下次他去找新住处的时候，她是否愿意帮助他。后来，每当克莉奥感到内疚时，她就和父母谈心。慢慢地，她开始不那么内疚了，与父母也更亲近了。

在这两个例子中，藤原浩和克莉奥对情境的误解情有可原，他们不愿谈论这些事情也可以理解，因为他们不想去感受那份伤害和痛苦，也不想让周围的人痛苦。但是，如果他们一直把秘密深埋在自己心底，就无法与别人交流自己的真实想法。总是活在过去，仿佛必须做点什么才能让事情有所好转，一直深处内疚之中。然而，通过与他人交谈分享，他们原本的想法被推翻，二人就能更好地了解实情。随着时间慢慢过去，他们的内疚感也会减轻。

有时，我们的生活中发生了一些重大事件，而我们又不愿谈论，那么这些事件的记忆就会处于"未经处理"的状态，最终，这些事对我们日常生活产生的影响会比其他事情大得多。这些记忆不仅会让我们感到内疚，还会让我们感到害怕、羞愧和悲伤。

如果你正在为一件或几件事苦苦挣扎，那么练习 5.6 有一些问题，你可以问问自己，从这些问题出发，思考自己可以做些什么。

练习 5.6 探索对事件的理解

如果你一直在琢磨过去的事件，试图让事情变得更好，但你知道自己真的无法做到，那么你可能需要更多地思考事件本身。为了做到这一点，你可以问问自己以下问题。

我可以向谁倾诉？有没有以下这些人？

我喜欢与谁倾诉？与谁倾诉能帮到我？

与哪些相关的人倾诉可以对我有所帮助？

有没有我已经倾诉过，但仍能再次倾诉的对象？

我可以和哪些完全无关的人倾诉？

哪些人有过类似的经历？

我该如何向别人倾诉？我想要的是什么？

进行一次彻底的心灵对话吗？

多说一点我在这件事情上的感受，慢慢敞开心扉？

在做其他事情的时候顺带聊一下这件事，这样感觉自己就不会太纠结于此了？

先问问别人的感受是什么？

我需要找专业人士谈谈吗？

和认识的人倾诉是否感觉有压力？

我和身边的人谈论这件事的时候，他们是否都感觉很不自在？

我在没有专业人士帮助的情况下谈论这件事是否会觉得不知所措？

我有没有向周围的人询问过他们的看法？

四、总结

内疚与本书中的其他情绪不同，它由我们自己的行为引起。如果我们的行为不符合我们为自己设定的标准，就会有这种感觉，这有助于我们维持道德，与周围的人保持良好关系。陷入内疚陷阱来自夸大责任，具体有两个来源：一是极端或严格的标准，二是对特定情境的曲解。至于摆脱内疚陷阱的方法，以及对标准和情境的重新考量，具体会因为我们陷入内疚陷阱的阶段不同而有所差别。

第六章
羞耻

CHAPTER 6

　　羞耻是一种不愉快的情绪，我们认为自己有不足或缺陷时，就会有这种情绪。它由失败、被厌恶、被排斥和暴露引起，让我们在别人面前觉得特别不自在。我们感到羞耻或不太强烈的尴尬时，注意力会完全集中在自己不足或有缺陷的方面，导致一种自我关注的循环。这会让人难以清晰地思考、说话或行动。

　　人们很难想到羞耻会有积极作用，但就像本书中提到的其他情绪一样，羞耻其实在很多时候对我们都有益。有了羞耻心，我们便能够保持许多珍贵的品质，比如良心。

　　本章中，我们将拓展对羞耻的理解，审视羞耻及其功能，探讨羞耻对我们的影响，特别是它让我们感到无能和不知所措的能力。此外，本章还会介绍如何容忍羞耻感，并以有益的方式做出回应。

　　如果我们无法正确处理羞耻感，羞耻陷阱就会随之而来。对于许多可能患有抑郁症、双相情绪障碍和人格障碍的人而言，这会让潜在问题浮出水面，也能体现出羞耻与悲伤和愤怒等其他情绪的相似之处。本章的结尾会讨论如何摆脱羞耻陷阱，从而让我们过上更充实更健康的生活。

一、理解与接受羞耻

　　尝试完成练习 6.1，看看你对羞耻了解多少。在七种情绪中，羞耻可能是人们误解最深的一种。人们觉得羞耻会令人极其痛苦，不知所措。许多人觉得自己很少会感到羞耻，但事实上，羞耻可能比我们想象得更常见。很多人还觉得，羞耻是社会问题背后的潜在因素，就像一种瘟疫，有弊无利，必须要摆脱。[1] 实际上，羞耻与本书中的其他情绪一样，也有自己的益处。羞耻是一种强大的情绪，对人类有很大的作用。没有羞耻感，人类社会就几乎无法运转。

练习 6.1　体会羞耻感

　　想想最近一次你感到羞耻的经历。这可能是一种强烈的屈辱感或耻辱感，也可能只是一种较轻的尴尬感。

　　你会如何描述那次感受？

　　你注意到了什么，意识到了什么？

　　是什么让你感到羞耻？

　　你是如何回应的？你做了什么？

　　后来发生了什么？

（一）是什么导致了羞耻？

　　羞耻感可能由各种情况引起，四个最常见的原因包括失败、不受待见、暴露和遭到排斥。我们在某件事情上遭遇失败时，会觉得自己笨拙、无能、不中用或愚蠢。我们在其他人面前出糗时，羞耻感往往会更加强烈。我们也可能在某些活动结束后感到羞耻，例如，演讲、约会之后，或者当众表演之后。这些事发生后，不管过了多久，只要我们从其他人那里得到反馈，都会感到羞耻。感觉不受他人待见，没有得到别人的重视或尊重也会导致羞耻感，这就是为什么分手通常都很难让人接受的原因。导致羞耻的另一个常见原因是暴露，也就是我们突然向他人展示自己的隐私。所谓的隐私可以是我们的身体，比如换衣服时让别人看到了，或者衣不蔽体。隐私也可能是我们以前隐瞒着的行为或特征突然遭到暴露，例如我们默默喜欢或重视的东西突然被视作异类。这种感觉就像是"我们拼命遮掩的事情突然像烟花一样在大家眼前乍现"。[2] 感觉遭到冷落也往往会让我们觉得羞耻，例如，发现自己不在邀请名单上，或者发现其他人代替了我们的位置。

> 羞耻由失败、不受待见、暴露或遭到排斥引起。

羞耻与内疚一样，也是一种"社会情绪"，通过我们与他人的互动而产生。要想有羞耻感，我们需要了解自己心目中的标准，看看自己是否符合。如果我们觉得自己没有达到应达到的标准，那我们就会感到羞耻。然而，与内疚不同的是，羞耻感与我们认为自己一无是处或有缺陷的心理有关。

> 羞耻感源于觉得自己一无是处或有缺陷的心理。

这并不是说每一次有羞耻感时我们都会否定自己的一切。例如，我们会为自己在某一方面的能力不足而感到羞耻，在其他方面却不会。艰难地完成一天的工作之后，我们可能会觉得自己是"一个糟糕的员工"，从而产生羞耻感，但这种羞耻感可能不会妨碍我们觉得自己能成为他人的一个好朋友。羞耻感仍然是针对整体的评估，在于我们觉得自己本身太差，而不是因为这一天运气不好。但羞耻感并不针对我们的所有身份认同，根据各种身份重要程度的不同，羞耻感的强烈程度也会有所差异。有时，羞耻感会影响我们对自己的整体认同感，比如会让我们觉得自己是"坏人"。

羞耻感是一种强烈的情绪，让人极其不自在，痛苦万分。尴尬不如羞耻那么强烈，往往由我们眼中不那么"严重"的不足或缺陷引起，这些不足或缺陷与我们自己的核心方面无关，也不怎么涉及道德层面。比起羞耻，尴尬的情况也让人更容易忍受，更容易一笑了之，不放在心上。至于羞耻和尴尬究竟只是同一情绪两种不同强度的表现，还是两种完全不同的情绪，目前尚无定论。[3] 就本书而言，我们默认两者有足够的相似性，并在此基础上继续研究。

> 尴尬感不如羞耻感强烈，由不太严重的缺陷引起。

与内疚不同，羞耻并不总是由我们自己的行为引起。当大家的注意力突然集中到我们自认为的不足之处时，我们就会感到羞耻。这些不足之处可能来源于我们的言行，但也可能是我们的外貌或状态。其他人能够通过关注向我们施加压力，比如，对我们的招风耳、瘦弱的体格或某种行为指指点点，对着我们大笑，嘲弄我们。虽然表面看来是其他人让我们产生了羞耻感，但这种感觉其实来自我们自身。

羞耻就像是一种内心的折磨，一种灵魂的疾病。对一个遭到羞辱的人来说，无论带来羞辱的是别人的嘲弄，还是他的自嘲，都不重要。无论哪种情况，他都会觉得自己被疏远孤立，失去了尊严和价值。[4]

在练习 6.1 中，你需要回想一次非常羞耻的经历。你完成练习了吗？在本书所有练习中，这可能是你最想跳过的一个。我们通常会尽量避免感到羞耻，只要想想那些感到羞耻的时刻，羞耻感就会卷土重来，所以你其实完全能避免这种感觉。或者，你可能觉得自己不会感到羞耻，这种情绪对你来说并不常见。如果你想一想失败、暴露、不受待见和遭到排斥等所有导致羞耻的原因，想一想有羞耻感未必会否定你的全部，而是仅限于特定情况，那么你曾感受到羞耻的频率可能要比你以为的高。如果你想到事情没有像你希望的那样进行，或者别人看到了你不希望他们看到的东西，抑或有人给你负面反馈或者排斥你，你会感到羞耻吗？

认识羞耻的另一种方式是思考它的反面情绪，即自豪。自豪在主流文化中饱受诟病，被视作"堕落的前兆"，或者与傲慢或自负画等号。我们这里提到的自豪是指我们将注意力集中在自己获得的成就上，或是我们认可自己的价值上。如果别人也这么想的话，我们的自豪感就会更加强烈。我们追求自豪感，比如想要处于聚光灯下、发表演讲、进行演示、写一本书、讲一个笑话等，这些做法都可能会让我们感到自豪。当然事情并不总是一帆风顺，一旦哪里出了差错，就又会让我们感到羞耻。

（二）我们感到羞耻时，会发生什么事?

羞耻对引言中概述的情绪五元素有显著影响。羞耻感很强烈，而且令人非常不愉快。

1. 感觉

羞耻感会让人感到极其痛苦和不自在，这种感觉往往来得非常突然，让人面红耳赤，我们会用"非常难为情"来表达羞耻感。[5]这也与我们感到羞耻和尴尬时会脸红有关（后文会详细介绍）。

针对不同强度的羞耻感，有各种各样的形容词，例如自愧不如、尴尬、羞愧、丢脸、自惭、耻辱和窘迫。这些词语很好地展现了羞耻感的各种强度。

2. 身体反应

我们通过自己的身体就可以清晰地感受到羞耻：心率加快，

肾上腺素飙升。羞耻和恐惧与愤怒一样，由交感神经系统（加速器）激活引起。[6]不过，在羞耻中，我们的注意力会全都集中在自己身上，忽略其他的事情，专注于自己不足或有缺陷的方面。就像麦克风和扬声器之间的反馈一样，我们陷入了一个自我关注的循环中，这个循环打乱了所有节奏，让我们筋疲力尽，很难清醒地思考、说话或行动，就像是被困在了"自我意识的折磨"中。[7]

> 羞耻感让我们陷入自我关注的循环里。

3. 面部表情

我们感到羞耻时，会将目光从别人身上移开，眼皮低垂，做出"遮住自己的脸""低着头"和"不敢直视别人眼睛"的行为。有时我们可能会微笑，但不是对着别人笑，而是冲着其他方向。

脸红是羞耻和尴尬的典型表现，由自主神经系统导致，我们无法控制。[8]脸红仅限于面部和颈部，但有时也会蔓延到胸部。成人没有儿童和青少年那么容易脸红，这可能是因为成年人学会了控制自己的反应，提高了脸红的阈值，或者增强了逃避羞耻或尴尬情况的能力。[9]

4. 思维

我们感到羞耻时，会敏锐地意识到自己没有达到一些应该达到的标准。我们给这种反应赋予了一个意义，那就是它能够反映我们作为一个人的一些东西。我们所有的注意力都集中在我们觉得自己糟糕、有缺陷、无用或无能的方面。如前文所述，我们没有做错事，但我们觉得自己整个人就是个错误。我们主要会在四个方面以羞耻的方式进行自我评估：失败、不受待见、暴露和遭到排斥。练习 6.2 可以帮助你确定，当你在这四个方面感到羞耻时，你会对自己有什么想法。

当我们用羞耻的方式专注地看待自己时，我们的思维就会变得杂乱无章，我们会"失去理智，语无伦次"。[10] 你在练习 6.1 里回忆的场景中，是否有过一种无法思考，不知道该说什么的感觉？或者有说了什么愚蠢或完全错误的话？

练习 6.2　感到羞耻的时候，你会如何看待自己？

看看这些例子，思考你在感到尴尬或羞耻时对自己的看法。有没有什么短语浮现在你的脑海中？圈出最适合的短语，或者自己再添几个，完善你在羞耻时的想法。你是否更容易在某个特定方面感到尴尬或羞耻？

失败

我好笨。

我是个白痴。

我不够好。

我真无能。

我太没用了。

不受待见

我好无趣。

没有人喜欢我（我不讨喜、不可爱）。

我是一个可怕的人。

暴露

我没有吸引力。

我的……太……（例如鼻子太歪、臀部太大等）。

我很丑。

我看起来像个傻瓜。

遭到排斥

我是罪魁祸首。

我是个坏人。

我无关紧要。

我不配。

5. 行为

羞耻是一种可怕的感觉，我们会不顾一切地想要摆脱它。在感到羞耻时，你记得自己做了什么吗？羞耻感不仅在当时非常强烈，过后也会挥之不去，让我们很难释怀。下面我将介绍与羞耻相关的三种行为：保护、辩护和补救。[11]

当我们感到羞耻时，一个最常见的行为就是试图保护自己免受进一步羞辱。我们可能会离开，当场逃走，躲起来，然后永远都不再回来。我们想要"找个地缝钻进去"，谁都不见。这种时候，我们的身体会变小，因为我们会蜷缩成一团躲起来。我们可能会拒绝别人的陪伴，让他们离我们远点，然后拼命地不去想这件让我们感到羞耻的事情。我们可能会去睡觉，试图逃离全世界。但如果这样做的话，就很难恢复状态了。最后，我们可能会避开让我们想起这段时间发生的事的地方、人物或活动。

还有一种反应是为自己辩护。[12] 我们会将注意力从自己转移到其他人身上，比如羞辱了我们的人，或者方便利用的替罪羊。这种辩护方式通常都具有侵略性或敌意，最后往往会导致羞辱他人，也就是我们"把别人拉下水"，试图重新获得一些自尊。

最后一个面对羞耻的反应是补救。如果我们因为觉得自己无能而有羞耻感，那么我们会努力提高自己的能力，并尝试用另一种方式挽回颜面。例如，我们上台演讲，感觉自己讲得一塌糊涂，那么我们就会再演讲一次，试图用更好的表现来挽回颜面。事实上，大部分人演讲过后，表现不佳时会比表现良好时更愿意再做一次演讲。[13] 如果我们因为认为自己不受欢迎而感到羞耻，那我们可能会努力让自己变得更讨人喜欢，比如接近他人，对他人更加友好、更热情。如果我们因为遭到排挤而感到羞愧，我们可能会反思自己的性格和价值观，可能会道歉，做出补偿，努力地表现得更符合社会标准，或者提升自己的道德水平。当然，并不是所有的情况都可以补救，但我们常常可以做一些事情来改善自己的形象以及我们在别人眼中的形象。

人们感到羞耻时的三种反应是保护、辩护和补救。

（三）羞耻的作用是什么？

如果我们某些方面不符合社会公认标准，比如缺乏吸引力、没礼貌、能力不足、性格或道德有缺陷，我们就会感到羞耻。羞耻是一种让人很不自在的情绪，我们都想极力避免羞耻感。避免羞耻感的最好方法就是提升我们自己，不辜负自己和社会对我们的期望。

世界各地都有自己的法律体系，以及负责执行法律的人员。那么，是什么让你遵纪守法？是什么让你的行为符合公序良俗？背后的原因除了法律与惩罚的存在，还有你母亲的看法、孩子的评价、朋友的反应以及你对自己的态度。如果你做了不符合自身和社会标准的事情，这些都会让你无地自容。避免羞耻感是一种强大的力量，它激励我们所有人维护社会秩序与文化标准。

我们用于描述羞耻感的语言就很能说明羞耻感在维护社会标准方面的力量。例如，"丢脸"这个词的意思是失去优雅，让某人失去他人的青睐、尊重、善意或感激，因为他们辜负了自己的集体。

我们犯错时，会把自己的羞耻感表达出来，例如脸红，这表明我们意识到了自己的行为方式不被人接受。同样是做了不可接受的事情，脸红的人受到的批评会比没有脸红的人少。[14]

我们感到羞耻时，会动力十足地去做一些事情，努力找回自我认同感。羞耻的原因不同，采取的行动也不一样。如果我们没能找回自我认同感，那我们可能就会努力工作，努力练习。这会让我们觉得自己有一技之长，以后不会再感到自己无能。如果我们的某些事情被曝光了，我们可能会想办法挽回自己的形象或改变自己的性格，做出弥补和道歉行为。如果我们不受待见或遭到排斥，那我们可能会变得更顺从，会花更多心思去讨好别人。

因此，感到羞耻让我们想成为更好的人。[15] 通过维护社会标准，成为良好公民，我们可以避免羞耻。如果我们感到羞耻，就会有很强的动力去提升和改善自己。你在练习 6.1 中举的例子里，有没有做出这样的反应？你是否能回忆起羞耻感曾让你努力改善自己的例子？这样看来，或许，羞耻感并不是一种消极有害的情绪。

> 羞耻感让我们想成为更好的人。

羞耻与内疚一样，都需要我们有用复杂方式理解世界的能力，根据一些公认的标准来评估自己，判断自己是否做得不够好。所以，在感到羞耻和内疚时，我们的一些大脑活动十分相似。羞耻还是一种让人更有动力的情绪，它能够激活爬虫类脑的威胁感应系统，导致我们做出对羞耻的保护和防御反应。[16] 激活爬虫类脑意味着我们对羞耻的一些有益反应与在恐惧和愤怒中的反应相似，尤其是在注意力集中方面。

二、忍耐羞耻并采取积极的应对措施

当我们感觉受到关注或处于聚光灯下，就会有羞耻感。如果别人注意到或是看到我们，有时我们也会感到羞耻，因为我们无法永远十全十美。如果我们要参加体育比赛、在观众面前演奏音乐、公开演讲、参加工作面试、当众跳舞、交友，哪怕只是大白天走在街上，我们也会在某些特定的时刻感到羞耻。我们可能会忘记台词、弹错旋律、说错话、绊倒自己，又或者不小心放了屁，这些都免不了会让我们出糗。我们无法避免羞耻感，羞耻也无法将我们与其他人分开，它是人类的一部分。事实上，我们为自己重视的事情而努力工作时，比如成为受尊敬的名人或是担任领导，就更有可能感到羞耻。如果我们功成名就，就会受到万众瞩目，我们可能会感到自豪，但我们的秘密也更有可能被人们发现。

为了避免羞耻和尴尬，我们会逃避自己重视的事情，这是不对的。相反，我们需要学会忍受羞耻和尴尬，给自己一点时间和空间，用更好的方式做出回应。

（一）忍受羞耻

美国有一门关于羞耻的课程，课程开头讨论了"关于羞耻的三件事"：我们都有羞耻感；我们都害怕谈论羞耻；我们对羞耻越闭口不谈，就越有可能感到羞耻。[17] 本章开头曾提到过，我们所有人都可能会比自己想象得更频繁地感到羞耻，并且往往想要逃避羞耻感，保护自己免受臆想中的伤害。但羞耻是人类的一部分，我们若想要过上充实而健康的生活，就必须要像接受所有其他情绪一样，接受羞耻感。

为了更好地忍受羞耻，我们首先要注意羞耻感本身，了解自己什么时候会有羞耻感，并用语言表达出来。本章第一部分的内容介绍了引起羞耻感的原因及其对情绪五元素的影响，这些内容在这里都能派上用场。

本章前半部分的练习也会对我们有所帮助。例如，你可以尝试每周完成一次练习 6.1，记录自己的羞耻或尴尬时刻。你还可以通过练习 6.2 来理解自我审视的思维方式，例如，"我又觉得自己做傻事了""我觉得自己没有吸引力"或"我觉得那些人看不起我"。这种练习可以帮助你忍受羞耻感，尤其是在羞耻感不是特别强烈的情况下。

勇于开口谈论我们的羞耻或尴尬时刻也是不错的方法。从日常的每一次失败、遭到排斥、暴露或不受待见开始谈起，不仅能增加我们对羞耻的容忍度，还能让我们慢慢开始重新看待自己产生羞耻感的原因。这么做还可以促使其他人谈论他们相似的经历，从而让我们渐渐意识到这种感觉很平常，而且还有益处。记住，要明智地选择倾诉的对象。你倾诉的对象要有同理心，能理解你，还能幽默地分享他自己的经历。

其他增加羞耻容忍度的方法包括故意强迫自己做一些可能让

自己感到不自在的事情。不同的人选择的活动类型也会有所不同，但大家都会面临一系列颇具挑战性的选择，让我们去做可能导致尴尬和羞耻的事情。有时我们要做的可能只是一些小事，比如改变姿势或者提高音量说话，让自己讲话时更有表现力。还可以更具体一点，比如鼓起勇气穿不同以往的衣服、参加通常会避免的活动，或者做一些有挑战性的事情。还有更极端的方法，叫作羞耻练习，其中包括挑战自己，去做会让我们感到更加羞耻的事情。具体如下。

积极地和别人谈论自己。

接近自己不认识的人，与他们聊天。

在街上边走边唱歌。

点一道菜单上没有的菜。

询问别人对你所作所为的看法[18]。

做这些事的目的是向自己证明我们可以忍受羞耻，可以容忍他人的讥笑或否定。这些事往往还能表明，其他人并不像我们想象的那样关注我们。不同的人会在不同的事情上感到尴尬或羞耻，但让人感到尴尬或羞耻的事情说不尽数不清。重要的是，这些事情并不可怕，取笑我们的不是别人，而是我们自己。这样想的话，让我们羞耻的事情可能会变得有趣起来。

（二）集中注意力，从容地自保和为自己辩护

我们感到羞耻和尴尬时的本能反应是离开或者避免类似的情

况，或者是大发雷霆，反过来羞辱别人以保护自己。这些反应都很极端，虽然可以在短期内减少羞耻感，但从长远来看往往效果不佳（详见羞耻陷阱）。一旦我们对尴尬和羞耻的耐力增强，就可以通过调整自己的注意力或引导他人的注意力来更巧妙地保护自己，为自己辩护。

1. 调整自己的注意力

羞耻感会完全占用我们的注意力，让我们只想着自认为不足或有缺陷的方面。陷入这种自我关注的循环会干扰我们的思维和行为，情况也会因此变得更糟。保护自己，降低尴尬和羞耻影响的一种方法是将我们的注意力从自己身上转移开。

我们在第一章中讨论了想避免恐惧就要减少对威胁的关注。这个过程与减少对羞耻的关注非常相似，我们也可以把注意力从自己身上移开，转向别处。第一章的练习 1.5 可以帮助你练习转移注意力。久而久之，我们会更清晰地意识到自己的关注点在哪儿，并且拥有更大的控制权。这么做的目的是将我们的注意力集中在眼下的事情上，而不在意其他人会如何看待我们。比如说当我们准备演讲时，我们最好专注于自己所说的内容，集中注意力好好表达自己的观点，而不是考虑观众眼中我们的形象。在社交场合，我们应该专注于正在进行的对话，而不是我们说得不好的地方。如果走在路上，我们最好专注于脚下的路和要去的地方，而不是想象路人会如何看待我们。如果能做好这一点，那么我们即使仍然会犯错误，仍然会感到羞耻或尴尬，也可以减少它们的强度，更快地从中走出来。

举个例子，想象你正在和别人交谈，气氛非常紧张，而你因为过于紧张，声音变得很奇怪，或者突然忘词，喘不过气来，需要咽一下口水。我们会发现，每到这时候，我们就会不由自主地把注意力放到自己身上，原因就在于我们感觉到了羞耻和尴尬，产生了诸如"我看起来像个白痴"或"他们发现我很难堪"之类的想法。这时候，如果我们一直只注意自己，就会语塞或者语无伦次，因为我们陷入了自我关注的循环。如果我们转移注意力，关注我们交谈的对象，专注于一言一语，就可以从容不迫地继续侃侃而谈。虽然我们仍然会意识到自己的错误，也许仍然会感到尴尬甚至羞耻，但我们已经成功地阻止了情况变糟。

> 将注意力向外集中于我们正在做的事情上可以减少羞耻感和尴尬。

将注意力从我们发现的缺陷和不足上转移开，这在令我们紧张恐惧的社交环境中尤为奏效，而且这种做法与处理社交恐惧的办法还有类似之处，详见第一章关于恐惧的内容（有举例说明）。

2. 调整他人的注意力

我们感到羞耻或尴尬时，不仅是我们自己在关注自己，别人可能也在关注着我们。有时别人是无意中注意到我们的，有时则是刻意的。在这种情况下，我们可以做一些事情，将他人的注意力从我们身上转移到其他事情上。

我们可以选择改变主题，转移注意力，不要让别人的注意力在任何让我们感到羞耻的事情上停留太久。这么做并不会让我们感到羞耻的事情消失，但可以我们缩短感到羞耻的时间。这种办法的关键在于结束上一段对话，开始新的对话，而不是直接闭嘴。因此，如果有人提出让你感到尴尬或羞愧的事情，你可以做一个简短的回应，然后转到下一个话题，"是的，那是一团糟，但昨天我感觉好多了，谢谢。"或"我以为你听说过了。你今天过的怎么样？"立即结束对话并开启一个新对话能将注意力从我们身上转移到其他事情上，从而阻止别人关注我们不想关注的事情。有时我们可以预见这些情况，甚至可以提前准备好要说的话。例如，发生了某件很重要的事情后情景再现，或是故地重游，抑或是人们反复强调我们的事情。

如果这些办法不起作用，那么很可能是因为在场的某个人比我们更强势，更想关注我们不想关注的事情。对此，我们可以用一些比较柔和的方法做出回应，比如说"有点过了哦！""哎哟！""你今天怎么了？"或"那真刻薄"。冷静地说出这些话，能够将注意力转移到让我们感到羞耻的人的身上，我们之后也不用为自己的行为感到羞耻。或者，我们可以简单地请对方停止，直接说"请不要这样做"或"我已经受够了"。

最后一个选择是与他人一起大笑或自嘲，将羞耻转化为尴尬，降低其强度。只要我们感觉可以控制节奏，不至于让自己太痛苦，那这些办法就可以帮助我们忍耐羞耻并从中释怀。在人类社会中，喜剧最能说明这一点。喜剧演员向我们展示了无能、出错和暴露的绝佳例子，他们会表演绊倒、说错话，在各种情境中装傻充愣。通常，我们会和他们一起笑，但并不是在笑话他们。我们之所以笑，不仅是因为他们的表演很有趣，还因为我们从中发现别人也会出糗，这让我们感到宽慰。正如本部分开头所说，羞耻是人类共有的情绪，所有人都会感到羞耻。我们不需要为感到羞耻而不好意思，要学会接受它，一笑而过是减轻羞耻感的有效方式。

> **转移他人注意力能让我们在社交中游刃有余。**

所有这些理论都能够将注意力从我们身上移开，让我们重新找到控制感。这些办法都需要一些独立思考的能力，但不需要太多的智慧，与前面的内容结合起来就可以很好地发挥作用。我们在尝试这些办法的时候，必须确保不要把自己所有的注意力都放在自己身上。

（三）一笑而过或尝试补救

等让我们感觉羞耻的事情过去了，羞耻感就会消失，我们也就能释怀了。但有时候，羞耻感挥之不去。我们会发现自己一直都处于羞耻之中，很不愉快。

羞耻感会占用我们所有的注意力，让我们只顾想着自认为不足或有缺陷的方面。这样的话，我们会忽略真正重要的事情，因为它们在我们的注意范围之外。如果尴尬或羞耻感在事件结束后还是经久不消，一个最有效的方法就是问自己一些问题。我们需要考量我们自认为失败、暴露、不受待见或遭到排斥的事情。要想认清现实，我们就必须要忍受羞耻感，仔细思考羞耻感，尝试弄清楚我们对自己的看法，看看是否合理。练习6.2帮助你认清了在感到羞耻时看待自己的方式，练习6.3则会帮助你质疑你对自己的评价。有时，质疑会帮助我们换个角度看待自己，这样我们就可以摆脱羞耻感，无须做任何改变就能从中释怀。例如，如果我们在某件事之后立刻受到了别人的负面评价，那我们就会感到羞耻，但是我们也会得到正面的评价。不妨把两种评价结合在一起，在这件事上为自己总结出一个更为中肯的评价。这就意味着这件事还在我们的接受范围内，不必为此多花心思。不过，有时我们还是会觉得自己缺少某些东西，而且确实需要为此做点什么。

练习6.3 应对羞耻

我们感到羞耻时，需要思考一些问题。首先是我们对自己的评估是否准确，其次是我们可以做些什么来补救。

质疑对自己的评价

尴尬和羞耻会以一种消极的方式把我们的注意力都集中在自己身上。我们在平静时，可以思考得更加全面。以下问题可以把我们的注意力从自己身上分出来一点，这样我们就能对自己有一个更清晰合理的评价。

因为这件事，我对自己有什么看法？能否从其他角度看待这件事？

别人真的会这样看我吗？

有没有人对我说过这种情况？我能问一下他们的看法吗？

如果是其他人处于这种情况下，我会如何看待他们？眼光能否长远一点？

其他人给我提供了一个不同的视角后，我是否还在纠结这件事？

即使我当时很纠结，现在还在纠结吗？

我现在能做什么？

当我们觉得自己确实有某种缺陷而感到尴尬或羞耻时，最有效的办法是去做些什么来补救这个缺陷。如果这件事让我们觉得可行且现实，而不是非常困难或不可行，我们就可以去尝试。

我的缺陷究竟是什么？

我希望自己能做什么？我希望自己擅长什么？我希望自己经常做什么？

我应该如何提高自己？

我更希望别人看到我身上的什么品质或行为？

不管方法有多愚蠢，我到底有多少选择？

这些方法中哪些切实可行？

哪个方法最好？为什么？

如果选择这个方法，我是否需要其他人的建议或帮助？

面对羞耻，我们大部分有益的反应正是源于我们想要补救，真正的决定因素是补救这件事的可能性有多大。[19] 如果我们觉得自己能够成功挽回形象，那么我们就很可能会去尝试。如果我们感到羞耻，却觉得自己不太可能成功补救，那么我们就没有必要冒着雪上加霜的风险去尝试了。如果我们能够成功补救，那么我们就不会有羞耻感，而是会有一种如释重负、心满意足、幸福或者自豪的感觉。

我们认为成功的可能性较大时更有可能尝试补救。

说到处理羞耻感的有益方式，我们需要想想自己能做些什么。要做到这一点，我们需要弄清楚自己在哪些方面有不足，即到底是什么让我们感到羞耻。原因可能是失败、不受待见、暴露或遭到排斥。人们只有在学会忍受尴尬或羞耻之后才能做到这一点。我们面临的第一个挑战是必须要沉浸在羞耻感中思考羞耻，而不是拒绝这种情绪。

接下来，我们需要想想若进行下一步，该怎么做。有时，我们很清楚自己必须做些什么才能补救。如果补救失败，我们可能会再尝试一次，多多练习，逐渐找回自信。对于感到暴露，或是遭到他人排斥或不受待见的情况，我们可以去道歉、弥补或解释。对于有些事情，我们并不能很明确该怎么做，可能会做长期打算，例如"下次发生这种情况时，我会……"或"将来我会确保……"。以这种方式做出补救也有助于减轻羞耻感，还能让我们成为更好的自己，改善我们的人际关系。有时，这些经历会指引我们考虑未来，但是并不一定采取具体行动。练习 6.3 提供了一些应对羞耻的方法，包括质疑对自己的评价以及如何补救。下面的例子介绍了如何对羞耻做出有益的回应。

艾米丽要给自己最好的朋友做伴娘，她为了朋友的婚礼忙前忙后，婚礼仪式也进行得非常顺利。在婚宴上，艾米丽开始站起来致辞，当她看到所有人都在望着她，一切都是如此庄重时，她一下子喘不过气来，变得心慌意乱。艾米丽忘了自己要说什么，致辞时前言不搭后语，结果草草了事，她觉得非常尴尬。其他人并没有介意，但艾米丽发现自己很难释怀，甚至想提前离开。这时，一个朋友建议她讲几句话来介绍第一支舞。艾米丽让自己平静下来，换了一件更舒服的衣服，做了一些笔记来给自己壮胆，决定在较为轻松的跳舞环节中再试一次。这次她的表现好多了，新娘还给了她一个拥抱。在那晚接下来的时间里，艾米丽觉得很快乐，十分享受。

在这个例子中，艾米丽本来想要躲起来，让自己不尴尬。然而，她与别人讨论了这件事，并决定再试一次，采取行动让自己有机会弥补。结果，艾米丽虽然仍然对第一次的致辞感到尴尬，但她已经可以从中释怀，找回状态，继续享受婚宴。

有一天，杰克在自己家附近散步，看到一群年轻人在嘲弄一位衣着怪异的女士。那位女士没有受伤，但杰克感觉她看起来很不自在。他绕道而过，不敢插手。后来，杰克发现自己一整天都在想这件事，因为自己当时对那件事视而不见，他觉得很糟糕。杰克没有向任何人提起这件事，当时也没有人见到他，但他为自己的懦弱感到羞耻。虽然现在已经对当时的事情爱莫能助，但他对自己发誓，下次看到需要帮助的人时，他会毫不犹豫地挺身而出。几个月后，杰克看到有人从助动车上摔下来，他迅速打电话求救，其他人则冲向伤者。杰克很自豪，因为这次他迅速做出了反应，而不是指望别人采取行动。这让杰克恢复了自信，相信自己是一个正派的人，在别人有需要时会挺身而出。

在杰克的例子中，他不可能弥补散步时对那位女士的袖手旁观，很长一段时间以来他都有一种不自在的感觉，但这种感觉使得他在后来的事件中拔刀相助，敦促他成为一名更好的公民。

我们需要明白，摆脱羞耻感最好的方法就是容忍它、思考它，然后冒险采取一些行动，比如让自己回归到大众视野之下。失败后再次尝试，或者去面对那些让我们尴尬的人，这些都有可能带来更严重的羞耻感，但也可能让我们有机会弥补，甚至感到自豪、充满成就感。这两个例子就能很好的说明这种情况。

（四）帮助他人处理羞耻感

帮助他人处理羞耻感与我们自己处理羞耻感的方法本质上一样，这一行为还能增进双方的关系。最有效的方法之一就是让别人说出自己的感受，谈谈他们如何看待自身，如何看待自己的处境。我们不能让他们觉得羞耻，而是要用同情和理解的方式和他们讨论。

我们不需要为他们辩护，或是否认他们对自己的看法，而是应该态度温和地带着他们回答练习 6.3 中的问题，陪他们一起了解什么是羞耻感，给他们指明方向。我们在和他人讨论他们觉得羞耻或尴尬的事情时，温和、热情、富有同情心的态度会给他们带来一种全然不同的感受，让他们更好地容忍羞耻和尴尬，做一些对自己有帮助的事情。

三、羞耻陷阱：羞耻问题

羞耻感是一种鼓励我们增强能力、学习技能、改善性格或提高社会地位的情绪。如果我们无法补救让自己感到羞耻的事情，就会发现自己陷入了强烈又可怕的羞耻感中。这种羞耻感会严重影响我们的生活。对于许多可能患有抑郁症、双相情绪障碍和人格障碍的人而言，这会让潜在问题浮出水面。

过于消极的否定自我会导致强烈的羞耻感，从而驱使人们拼命地试图自我保护、辩解和补救。摆脱羞耻感时用力太猛也会出现问题，不仅无法减轻自我否定，甚至还会助长这种情况。羞耻陷阱突出了其中的因果关系。

我们通过一些例子来介绍（图 6-1、图 6-2 ）。

莎拉觉得自己从来都没办成过什么事。她的父母离婚了，这个过程痛苦又漫长，影响了莎拉的学业，让她在成功的道路上比自己的朋友都慢一步。莎拉做过一些工作，对她来说不是特别具有挑战性，也不怎么充实。后来莎拉失业失去收入后，她搬回老家与母亲一起居住，她不联系朋友，也不愿与人交谈，生怕他们问起来她在做什么。她四处求职，也拿到了面试的机会，但由于觉得自己无法胜任又放弃了。她大部分时间都待在自己的房间里，拿自己与其他人做比较，琢磨自己是多么地一无是处、一事无成。

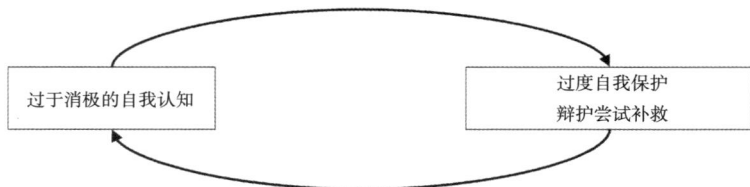

```
┌────────────────────┐          ┌────────────────────┐
│   过于消极的自我认知   │          │   过度自我保护        │
│                    │          │   辩护尝试补救        │
└────────────────────┘          └────────────────────┘
```

图 6-1　羞耻陷阱

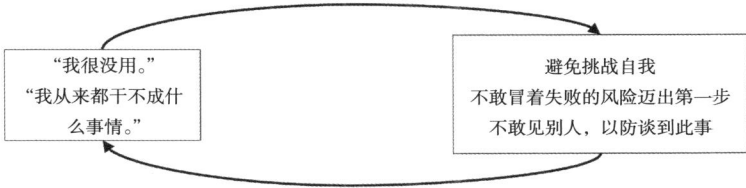

图 6-2　莎拉的羞耻陷阱

　　莎拉觉得自己毫无用处，永远都做不成什么事，这就是一种过度消极的自我整体认知，会让人有极高的羞耻感。这种情绪将莎拉的注意力集中于她自认为不足的方面。她拼命地避免自己再次感受羞耻，避免做可能会失败的事情，比如过于繁重的工作和面试。这种状态会妨碍莎拉，让她无法意识到自己其实有能力做好工作。莎拉也会避免与人们谈论自己感到羞耻的事情。因此，她不会认识到人们其实并没有觉得她无用，也不会明白别人也有自己的低谷期，而正是这些事情可以让莎拉找回自己的价值，让她觉得自己和其他人并无两样。如莎拉的羞耻陷阱所示，莎拉的经历也可能导致悲伤等其他情绪，而她萎靡不振的状态应该是羞耻和悲伤共同作用的结果（详见第二章）。莎拉只要理解了这两种情绪，就能改善自己的状态。她甚至还会发现自己虽然同时陷入了羞耻和悲伤两个陷阱中，但却可以用类似的方法走出来。

　　再举一个例子（图 6-3）。

　　何塞总是在和肥胖作斗争。他的父母都大腹便便，他自己在校期间也经常因为太胖而遭到嘲笑。不过，何塞生活的其他方面都还不错。比如，他有一份稳定的工作、一套漂亮的公寓，还有一些亲朋好友，可是他却唯独无法控制好自己的体重。何塞不敢照镜子，他觉得自己又胖又恶心，所以总是穿着宽松的深色衣服来掩饰身材。何塞倒是去过几次健身房，但后来又不敢去了，因为他觉得人们会看不起他。他也尝试过节食，但坚持了几天就放弃了。这些尝试都半途而废了，让何塞更加难受，所以他不愿意再尝试。

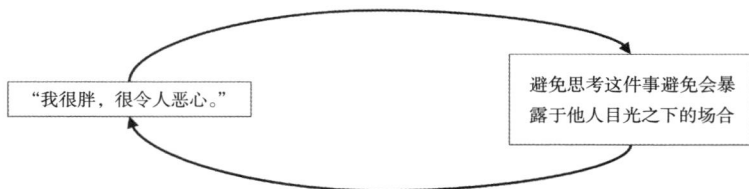

图 6-3　何塞的羞耻陷阱

何塞还在努力避免羞耻感。他认为自己的身材令人作呕，尴尬又丢脸。这种尴尬和羞耻感使何塞只看到了自己的缺陷，他试图避免思考，避免看见自己，避免暴露身材来避免感到尴尬和羞耻。由于何塞不愿去多想自己的身材和体重，他就很难制订一个计划来解决问题。他做出的许多尝试很快就失败了，也是因为他无法容忍暴露和思考自己觉得羞耻的方面。瘦身失败让何塞更加难受，他为自己没有成功而感到羞耻，这一切都意味着他的体重将会继续增加，情况也会进一步恶化。何塞不敢见人，对自己的身材遮遮掩掩，这都让他无法发现也许其他人看待他的方式与他看待自己的方式不同，而且别人对自身也有不满意的方面。

莎拉和何塞都在努力避免羞耻感。他们避免思考和谈论自己的问题，避免做可能导致羞耻感的事情，这都会阻止他们采取行动来改善处境。躲起来，对觉得羞耻的事情闭口不谈，这也会阻止他们改变对自己的看法。

艾娃的例子说明了人类感到羞耻时的其他反应。

艾娃的母亲霸道又挑剔，她从小就在母亲的严格管教下长大。在艾娃家里，她的母亲说一不二，没人敢忤逆她。艾娃觉得自己从来没做过自己想做的事，虽然她的童年和学校时光都很安逸，但她从来没有得到过任何赞扬，也从来没有觉得自己哪件事做得好。艾娃发现，随着自己慢慢长大，她变得越来越忙碌。她花了很长时间试着让自己变好看，工作上兢兢业业，生活中与人为善，经常奋不顾身地去帮助别人。尽管如此，艾娃似乎还是从未得到自己渴望的认可。事实上，人们把她的付出当作理所应当，她也觉得自己在为人所利用。艾娃越发感到自己没有吸引力、不讨喜，也毫无价值。

艾娃的自我认知极其消极，她认为自己的许多方面都有缺陷，不如他人，因此她感到非常羞耻。艾娃试着努力提高自己，解决这个问题。她认为自己不成功，于是就努力工作；她认为自己没有吸引力，于是就努力改善外表；她认为自己不讨人喜欢，于是就努力取悦朋友。艾娃试图弥补自认为的缺陷，但问题是她的自我认知过度消极，导致她采取的方法不切实际，也超出了她的能力范围。艾娃试图成为完美的朋友和员工，成为大家的典范，那么她不可避免地会发现自己做不到，从而加深负面的自我认知。她自己也意识到了，其他人可能会加入这个循环，利用她或虐待她，进一步强化她的自我认知。我们可以从艾娃的羞耻陷阱中看到这个规律（图 6-4）。

"我没用。"   让自己更好看
"我没有吸引力。"   努力工作，取得成功
"没人喜欢我。"   做一个很好的朋友

图 6-4　艾娃的羞耻陷阱

正如前文所述，人们在感到羞耻时，尝试补救是一种常见的反应，而且一般都会奏效。艾娃陷入了一个无益的循环，因为她试图补救的缺陷并非真正的缺陷，或者至少没有她认为的那么重要。这意味着，她为了进步而做出的尝试很可能会以失败告终，并加剧消极的自我认知。这种在补救缺陷时用力过猛的例子随处可见。广告业鼓吹我们通过化妆品、饮食、锻炼以及整形手术来弥补自以为有的外形缺陷，而这些缺陷实际上是非常普遍的人类特征。[20] 这种制造焦虑的广告受到了严厉批评。

最后一个例子强调了第三种潜在的羞耻陷阱。

莱昂的父亲是个酒鬼，喝醉了之后就会变得刻薄又粗鲁。就算莱昂什么都没做，他也会嘲笑他，经常让莱昂觉得自己又笨又蠢。小时候，莱昂试图通过保持距离来应付酒鬼父亲，成年后他立刻就离开了家，断掉了与父亲的所有联系。没有父亲在身边，莱昂的日子好过多了。但他发现自己脾气暴躁，犯错时会骂自己"没用""一文不值"，别人批评他时，他也会暴跳如雷。莱昂第一段感情破裂就是因为他的暴脾气，他一再以可怕的方式对待女朋友，但过后自己又很痛苦。他反省自己，认为自己糟糕透顶，然后向女友道歉，但同样的情况还会再次发生。最后，在一次大吵之后，莱昂的女朋友和他分手了，还说他是个"怪物"。

由于年少时受父亲的影响，莱昂对自我的认知极为负面。他经常会觉得自己一无是处，而每当这种感觉时，他又会愤怒地为自己辩护。有时他会把怒火发泄在自己身上，有时会发泄在别人身上。不幸的是，莱昂愤怒地保护自己免受羞辱时的行为，反而会让他在事后感到更加羞耻，还会引来他人的评价，坐实了他在自己和他人眼中的糟糕形象。[21]

如果莱昂感到尴尬或羞愧时总是为自己辩解，他就会发现自己陷入了愤怒陷阱（详见第三章）。感到羞耻和羞耻的威胁正是人们陷入愤怒陷阱时夸大的威胁。如果你对羞耻反应过激，那么最好使用本章和第三章中的相关内容，帮助自己走出羞耻陷阱。

这些例子说明，人们为了补救自以为有的缺陷而做出的努力根本不切实际。莱昂在童年时经常受到羞辱，他无法采取任何措施来补救这种情况。艾娃无论多么努力都无法取悦自己的母亲，何塞因体重而受到欺凌。羞耻的问题通常源于这些经历：受到不公平的羞辱，而且无法补救。这类经历包括：

挑剔的、无礼的、霸道的或爱羞辱他人的成年人。

取笑、嘲弄、欺凌或侮辱他人的同龄人。

缺乏关心、爱或关注。

创伤性经历，例如不当的性活动、遭遇身体或情感暴力。

所有这类经历都会引起当事人过度消极的自我认知。这种过度消极的自我认知会让我们觉得自己不够好、有瑕疵、有缺陷或十分糟糕，从而频繁引发羞耻感。我们试图摆脱这种可怕的感觉时，会努力保护自己、补救缺陷、为自己辩护，但有可能会用力过猛。这些情况使我们无法摆脱负面的自我认知，更无法对其进行重新评估，从而无法停止加深或确认负面的自我认知。过度逃避羞耻感会导致我们无法进步，失去重新评估消极自我认知的机会。其中，过度的尝试包括试图做出力所不能及的改变，从而导致不可避免的失败，加深消极的自我认知。为自己辩护过多也会加深负面的自我认知。

> 过度自我保护、辩护或补救会造成高度羞耻感。

四、走出羞耻陷阱

摆脱羞耻陷阱的方法包括两个主要步骤：一是质疑过分消极的自我认知，二是降低弥补缺陷的难度。这两种情况都需要增加对羞耻和尴尬的容忍度，尽管在羞耻陷阱中做到这一步困难重重，但这确实是一个非常重要的起点。以下例子可以说明这个过程。

莎拉鼓起勇气给朋友打电话，她们畅谈了很久。莎拉说自己很难找到工作，还取消了一次工作面试，因为她觉得自己肯定会表现不佳。令莎拉惊讶的是，朋友给她分享了自己之前一次工作面试的经过。那次面试糟糕透顶，说着说着她们俩都笑了。打完这个电话后，莎拉感觉释怀了很多，约好下周与朋友共进晚餐。令莎拉感到欣慰的是，她心目中已经取得了成功的朋友居然也有过如此可怕的经历，但是朋友又重新振作了起来。

如果一件事同时引起你的羞耻感和尴尬，那就要重视这个问题，但不一定要一次解决所有事情，比如以下这个例子。

何塞知道自己的主要问题是身材和体重，他对生活其他方面感觉良好。有一天，他向一位信任的老朋友说到自己很难找到合身的衣服。朋友听着，没有笑，也没有说太多，这种态度鼓励了何塞继续说下去。他告诉朋友，他发现自己很难控制体重，所以迫切地想为此做点什么，但不知道从哪里开始。朋友说，其实他一直都知道这件事，而且他还记得何塞在学校的日子是多么煎熬。他们没谈多久，何塞就觉得太不自在了，于是换了个话题。何塞很惊讶，但也松了一口气，因为他们从来没有谈论过这件事，如今终于开了口。他很高兴朋友关心他，可是不知何故，他总是想象他的朋友会对此不屑一顾或者不把他当回事。

艾娃选择逼迫自己做让自己觉得不自在的事情。

她和几个朋友去度假时交流了各自想做的事情。最后他们商量好，都要大胆一点，勇敢尝试一次自己想做的事，回去后为彼此保密。艾娃买了自己平时不会穿的衣服，比以往更大声地说话，白天出门也不化妆。她做了所有想做的事：旁若无人地跳舞和陌生人聊天。这些事情在以往对艾娃来说都很难做到，可是这次她惊讶地发现，人们并没有批判她，实际上他们似乎还很喜欢她元气满满的样子。度假回来后，艾娃不再像以前那么紧张了，因为她切身感受到，自己可以忍受尴尬或羞愧，而且人们也不会像自己想的那样批判自己。这让艾娃变得更加自信大胆，即使身处困境也能勇往直前。

对艾娃来说，她在度假时做出的尝试不会对未来造成影响，因此她也就不必感到恐惧。现在，她能够去做各种以前因害怕尴尬和感到羞耻而不会去做的事情。艾娃知道自己可以忍受这些尴尬和羞耻，而且这两种情绪都会过去。这不仅让她敢于冒着尴尬和羞耻的风险去大胆行事，还能为她带来其他情绪，比如兴奋和快乐。

对艾娃来说，以前因为害怕感到羞耻而避免做的一些事情，其实与尴尬和羞耻都没有直接关系。因为她在儿时受到的所有关注几乎都是负面的，所以每当艾娃成为关注的焦点时，就算是善意的关注，比如表扬、赞美，或者是很平常的关心，都会让她有尴尬和羞耻的感觉。艾娃必须提高忍耐力，容忍各种注意力集中在自己身上，无论是善意的还是恶意的关注。处于羞耻陷阱中的人都要认识到，积极地看待自己并不是自己不知羞耻，而是让自己能够更好地容忍羞耻感，至少在短期内是这样。

> 在羞耻陷阱中，一个善意的关注也会让人感到尴尬或羞耻。

羞耻陷阱具有一个关键特征：人们会因为自认为的缺陷感到羞耻，而一味地试图摆脱羞耻感则让人难以质疑这些缺陷是否真实存在。以上每个例子的主人公都拥有过度消极的自我认知，导致他们陷入了羞耻陷阱。他们难以重新评估自我认知，因为他们无法忍受太久的羞耻感，无法冷静下来重新思考。因此，走出羞耻陷阱的第一步是增强对羞耻的忍耐力。

（一）挑战过度消极的自我认知

请记住，尴尬和羞耻将我们的注意力都集中在我们自认为有缺陷或不足的方面。我们会发现自己沉迷其中，总是以这种方式看待自己，反复羞辱自己、提醒自己那些讨厌的方面，然后试图摆脱由此产生的羞耻感，让自己在羞耻陷阱中徘徊不前。

因此，我们一定要学会尝试分散对自己的过分关注。要做到这一点，方法有很多，比如想想这种看法不适合的情况，从其他人的角度看待问题，或者思考我们在没有感到羞耻的时候会如何看待自己。你可以问问自己练习 6.4 中的一些问题，尝试参考新的观点。[22]

练习 6.4　换个角度看看

这些问题可以帮助你从不同的角度看待自己。

让我感到羞耻的情况：

事情总是这样吗？

有没有情况不同的时候？

我是否只看到了消极的一面，忽略了积极的一面？

其他人的观点：

关心我的人会怎么说？

如果是我关心的人处于这种状况，我会怎么说？

如果我可以和世界上最善解人意、最温柔的人交谈，他们会说什么？

自我批评：

我是否对自己很苛刻？

我是否会爆粗口，或者是否会骂自己？

我是否会这样对别人说？

如果我对自己非常友善，我会怎么做？怎么说？

双重标准：

我是否将正常的人类特征视为缺陷？

我对周围人与对自己衡量的标准是否不同？

其他人也会采取双重标准吗？

我是否觉得周围的每个人都很完美？或者比我更好？

另一种看待自我的方式：

我更愿意怎么看待自己？

我感觉自己与众不同时会如何看待自己？

我有没有积极看待自己的时候？

如果我要对自己说一些积极的话，会说什么？

通常，莱昂会在犯错和事情出问题的时候感到尴尬和羞愧。无论这个错误是大是小，无论这件事是与他无关还是由他全权负责，他都会立刻觉得自己一无是处，然后认为其他人也会这么看，于是感到羞愧，进而暴怒。这让他感到很不自在，尤其他刚开始觉得自己能胜任某件事，而别人也这么认为时，一旦哪里不顺利，他就会觉得很尴尬。莱昂开始试着观察其他人处理事情的方式，尤其是他的一位同事。莱昂之前一直认为这位同事非常有能力，但实际上他也常常犯错，只不过他出错之后能冷静地纠正自己。久而久之，莱昂发现自己也可以很快纠正错误，并且越来越认可自己的能力，觉得那个没用的自己已经被封存在记忆里了。

莱昂在成长过程中的早期经历和艾娃很像，他们都受到了负面关注，因此无论莱昂用哪种方式看待自己，即使是积极的方式，他也会感觉既难受又尴尬。后来，通过调整自己、观察他人，莱昂能够更积极地看待自己了，那段让自己动不动就感到羞耻的日子一去不复返了。

质疑过度消极的自我认知的另一种方法是重新审视感到羞耻的记忆。就艾娃和莱昂而言，他们儿时的经历与他们现在看待自己的方式有着明确联系。他们长大成人之后再回过头去看这些经历，用不同的方式思考，重新审视，可能会有效帮助他们质疑过度消极的自我认知。探究与羞耻相关的儿时生活和探究恐惧（第一章）与内疚（第五章练习 5.6）中的方法很类似。这个办法旨在让艾娃和莱昂更公平、更冷静和更友善去看待自己儿时生活的经历，质疑过度消极的自我认知。

（二）事先准备一个弥补的措施

羞耻陷阱包括过度消极的自我认知和一系列行为，妨碍我们提高自我认知和改善自我。采取行动可能会帮助我们减少过度消极的自我认知，但有缺陷的或需要改进的方面依然存在。

记住，我们通过弥补来应对羞耻感，这正是因为弥补非常简单。因此，摆脱耻辱陷阱的最后一个办法是留有挽回的余地。

还记得何塞苦于减肥吗？他很难思考或谈论这个问题，因为他觉得十分羞耻。这意味着，何塞要想做出补救，他就必须一切靠自己，不达目的不罢休，而且还必须很快达成一个目标。这个目标可以不太明确，但至少可以"看起来不那么恶心"。何塞要想一下子减肥成功，无论采取什么方法，都很有可能导致失败以及更深的羞耻感。何塞认为这种情况几乎无法补救，只能重复那些注定会失败的办法，让羞耻感不再加深。如果我们从这个角度想，还会觉得奇怪吗？

何塞可以寻求哪些帮助？他需要做什么才有信心成功减肥？改变体型和体重短时间内收效甚微，需要长期坚持，其中还涉及许多生活方式上的微小变化，我们难以改变，更难以坚持。如果何塞好好计划，接受他人帮助，给自己在短时间内设立一个明确且现实的目标，那么久而久之，他就有可能成功瘦身，改善自我认知。

何塞和自己的朋友简短交谈后，朋友提到，他们在健身房看到了一个私人训练课程的广告。何塞很担心，因为他其实不知道自己到底想要什么。只知道自己想要为此做点什么。一天下午，何塞和朋友一起去健身房咨询。那位教练很友好，也很体贴，没有给何塞安排太多练习，以免让他难堪。何塞开始在家锻炼，起初一周一次，他发现这个程度是可以坚持下去的。他也开始自带午饭去上班，这样就可以不用依赖外卖，这一点也不难做到。何塞的体重并没有明显减轻，但也没有增加，他开始对自己做出改变的能力更自信了。每当何塞为自己的身材和体重感到尴尬时，他就会提醒自己，他现在已经在采取行动了。

何塞的经历表明，容忍羞耻感对讨论、思考和计划有着重要意义。在刚起步时，切实可行的目标可以让人充满信心，不再那么逃避羞耻感。何塞并没有立即改变自己的生活，但他已经开始行动，从而减少了羞耻感，对自己的看法也越来越积极。

> 走出羞耻陷阱需要我们做出详细可行的计划，来弥补感知到的缺陷。

在何塞采取的行动中，有几条原则有助于进步。

1. 明确长远方向

感到羞耻和陷入羞耻陷阱的问题之一就是自我关注，认为自己很糟糕、有不足或缺陷，无用或无能。这种自我关注很消极，不利于我们改善状况。何塞觉得自己很恶心，但他必须采取行动来明确自己希望做些什么。对于何塞来说，他不能设定明确或者板上钉钉的目标，因为这样他会觉得难以承受，然后产生放弃的想法。尽管何塞不清楚自己理想的体重是多少，也没有拟定锻炼方案，但他很明确，自己想要减肥，更好地控制体重，并培养良好的饮食习惯。

对于莎拉来说，失去工作，回到娘家后，她的长远目标可以是重新独立，过上更成功的生活。如果莎拉要求自己去找一份新工作，再找个男朋友，趁圣诞节前搬出去，这可能会让她有危机感，担心失败，想要逃避羞耻感。相反，如果莎拉安排自己去做一些学会独立的小事情，那么她就更有可能成功。

2. 把长远目标分解成短期目标

有了更明确的长远目标，就可以设定短期目标，开始真正做出改变，获得进步。何塞将自己的长远目标分解成了定期达成的小目标，这些目标可以成功实现、内容具体，他也应付得来。何塞要定期锻炼，在饮食习惯上做出一些小改变。这两步将使他朝着长期目标前进，而不用担心自己因做得不够或失败而带来的羞耻感。莎拉的短期目标可能是每天花半小时找工作，参加面试，或者想想怎么管理个人财务。

改善自我和生活各个方面的短期目标要循序渐进，最好要让人觉得每一步都很简单。培养我们自身的某些方面是一个长期的项目，关键在于我们能否坚持下去。如果何塞在坚持三周的极端节食后放弃了，那么他对自己体重和形象的认知就不会有任何明显变化。从长远来看，他最有可能取得成功的方式是循序渐进，这样就不至于让自己每一天都很痛苦。可行的短期目标会让你感到兴奋、兴致勃勃，你会认为"我觉得我可以做到"或"这件事应该不会太难"。这种目标可以激励我们"让自己赢得胜利"对抗我们在羞耻陷阱中常常会遇到的失败。从小处着手，循序渐进，随着时间建立信心，找回状态，减少羞耻感，从而获得成就感和自豪感。

3. 未雨绸缪

最后一步就是未雨绸缪。长远的目标需要一定时间才能实现，在此过程中，免不了会无法达成一些短期目标。何塞可能某一周没有锻炼，或者偶尔一顿午饭没有自己带，而是点了外卖。莎拉可能没有通过面试，或者薪水没有希望中那么高。但对于何塞和莎拉来说，与长期目标相比，这些偶尔的失败并不重要，除非他们又陷入羞耻陷阱，只看到事情消极的一面，然后放弃努力。

我们知道，从长远来看，事情不会总是按计划进行。因此，与其为这些可能发生的事情惊慌失措，不如未雨绸缪。要做到这一点，方法很简单：为最有可能出错的事情做好思想准备与应对之策。为可能出现的意外做好准备，可以增加信心，让我们拥有控制感，同时还能减少陷入羞耻陷阱的可能性。

五、总结

如本章开头所述，羞耻是一种比我们想象中更普遍的人类情绪。羞耻感将我们的注意力都集中在自认为不好、有缺陷或不足的方面，而过度关注这些方面会扰乱我们的生活，让我们很难保持思路清晰、行动果断。尽管大家都知道羞耻感会让人不自在，但我们通常都能较好地应对这种情绪，督促自己成为更好、更有能力和更体面的人。

　　然而，过度的羞耻感会带来极度痛苦。羞耻陷阱是一个恶性循环，它让我们产生过度消极的自我认知，从而导致我们为了摆脱由此产生的羞耻感，在自我保护、辩护或补救等措施上用力过猛。走出羞耻陷阱需要增加对尴尬和羞耻的容忍度，重新看待自己，用更有效的方式改进消极的自我认知。羞耻陷阱与本书中其他陷阱紧密关联，其中关系最密切的是悲伤陷阱和愤怒陷阱。

第七章
快乐

CHAPTER 7

快乐可以说是七种情绪中最重要的一个。无论是现在还是将来，我们都会为自己的快乐做很多决定。我们换工作、搬家、度假、恋爱和分手，都是为了让自己更加快乐。我们觉得日子难过的时候，会思考什么东西可以让自己快乐起来。我们也会做很多事情来让其他人快乐，比如我们的孩子、伴侣、父母和朋友。但我们对快乐了解多少？我们是否知道自己在什么时候感觉快乐？我们获得快乐的方法是否正确？尽管快乐是我们生活中非常重要的一部分，但人们对快乐的研究并没有像对本书中其他情绪那样深入。

本章探讨了快乐的内涵、快乐的来源、快乐对我们的影响以及快乐的功能。快乐本身倒是不会引起什么问题，但人们有一些关于快乐的看法可能会导致我们接下来要讨论的问题。

本章最后概述了"快乐之轮"及其四根"辐条"，它们可以帮助我们更好地体会生活中的快乐。

一、理解与接受快乐

快乐会影响我们的感觉、身体、面部表情、思维和行为。快乐令人愉快，我们都想要感到更加快乐。快乐也有重要的功能，我们以前可能没有仔细思考过这些功能是什么。看看练习7.1，思考你曾经感到快乐的经历。

练习 7.1　感到快乐的感觉

想想你最近感到快乐的一件事。

你会如何描述那次感受？

你注意到了什么，意识到了什么？

是什么让你感到快乐？

你的反应是什么？你做了什么？

后来发生了什么？

（一）是什么导致了快乐？

你在练习 7.1 中写下的感到快乐的原因是什么？你给出的理由很可能是某个社交场合、某种满足感或成就感。快乐通常来自与他人的互动。婴儿在 4 周或 5 周大时开始见人就笑。父母常常会为了照顾一个难伺候又经常哭闹的宝宝而疲惫不堪，但是宝宝一笑，就让父母的心都化了！随着孩子越长越大，他们的微笑或者开怀大笑仍然来自和他人的互动，比如做鬼脸。小孩子们在玩游戏的时候笑得前仰后合，没有什么比这种笑声更加让人觉得快乐了，所以通常和他们一起玩的成年人也会发出这种笑声。对于成年人来说，与他人的亲密关系和互动也会产生快乐感。[1]

让我们觉得快乐的另一个原因是成就感。你能想起以前自己做过有挑战的或困难的事情吗？我们的一生中总会经历低谷，但风雨过后总有彩虹。走出低谷期之后的快乐往往不那么强烈，或"燃烧得更慢"，并且可能不会伴随那么多的笑声，但这种快乐仍然是一种令人非常愉快的感觉。

> 快乐与社交或成就有关。

有时，与他人互动和成就感带来的两种快乐会相伴而来。例如，在团队运动中获胜可以让人有一种强烈的快乐感，大家团结在一起，共同获得成就感。

（二）我们快乐时，会发生什么事？

我们要牢记的是，快乐与本书提到的恐惧、悲伤、愤怒、厌恶、内疚和羞耻一样，也是一种情绪。这是我们对周围和自己正在做的事情的短暂反应。情绪不像一个地方，我们可以到达和停留，也不是我们可以永久得到和保留的东西。快乐也不是一种中性的情绪状态：我们不悲伤、不生气或不害怕不代表就会快乐。快乐是对特定情况的情绪反应，它对情绪五元素也有独特的影响。

> 快乐不是一种中性的情绪状态；快乐是对特定情况的情绪反应。

1. 感觉

快乐是一种令人愉快的情绪。快乐可能短暂也可能持久，我们倾向于与他人分享快乐。[2] 我们可以体验不同强度的快乐，描述快乐的常用词包括满足、欢快、快乐、高兴、狂喜、兴高采烈、美滋滋和喜洋洋等。也有一些说明快乐的有趣短语，比如，"春风得意马蹄疾"和"胡子都翘起来了"。

2. 身体反应

快乐让人感觉温暖或炽热。交感神经系统（加速器）和副交感神经系统（刹车）都没有怎么被激活，但快乐还是会让人充满活力，我们的心率会加快，活力、能量和力量感也都会增强。我们在快乐的时候会更有自信，更觉得自己有能力，身体各项功能也会更好。例如，我们快乐时，站立和行走的幅度比平静或悲伤时更大。[3] 我们感到快乐和快乐感增强的时候，可以忍受更多的痛苦，也能够增强免疫力并预防疾病。[4]

快乐的人也会变得更耀眼，大家会关注他整个人而不是细节。我们更愿意欣赏事物，而不是分析或剖析它们。感到快乐时，我们也会活在当下，而不是像许多其他情绪状态那样纠结过去或未来。

> 快乐让人关注大局，活在当下。

3. 面部表情

我们感到快乐时会笑，笑和快乐之间的联系体现在一些用来表示快乐的语言中，比如"笑得眼睛都眯起来了"或"笑得合不拢嘴"。洋溢着快乐的微笑是最容易识别的面部表情之一。[5] 最简单的微笑就是一对肌肉将嘴角向后上方拉。然而，大多数微笑还会调动眼睛和嘴巴周围的肌肉，拉近眼睑、抬起脸颊，在眼睛旁边形成"鱼尾纹"。[6] 我们发自内心地感到快乐时，往往会"用眼睛微笑"。这不同于出于社交目的的假笑，或是为了隐藏其他感受的笑。[7]

微笑既能让人感受快乐，也能让人乐于分享快乐。你还记得自己上一次打保龄球是什么时候吗？我们在保龄球馆可以充分研究成就和社交互动对快乐的各种不同影响，如果我们第一球或者第二球就打出全倒，我们不会自顾自地微笑，而是会转身看向他人微笑，这表明微笑对于表达和体验快乐很重要。[8]

4. 思维

快乐会让我们关注当下，不会多想什么。我们会关注大局，而不是剖析或分析小细节。想想练习7.1，你在快乐的时候都做了什么？你有没有找个地方坐下来思考？你可能会沉浸在当时的感受中，根本没来得及坐下来思考自己为什么这么快乐。

我们在快乐的时候，处理事情会更灵活、更具创造力；我们能够更好地思考，从大局出发，而非拘泥于细节。

我们在社交场合感到快乐时，会更具包容性，彼此之间会更加亲密，不再疏远；我们会有更强的同理心与同情心，关心来自不同群体的人。[9]

总体而言，我们彼此之间会建立一种联系，有种万事皆可、岁月静好、"一切都在按部就班进行"的感觉。[10]

5. 行为

快乐往往来自与他人的互动，我们会希望这种互动维持下去。快乐让我们想要接近人们，靠近他们，与他们交谈、拥抱或亲吻他们，把他们留在身边。我们感到幸福时，会倾向于用积极的态度看待他人，对社交互动更感兴趣，也更愿意分享关于自己的事情。我们会更愿意信任他人、帮助他人。

人们在社交场合感到快乐的标志之一是笑声。想想让你觉得快乐的社交场合，回忆当时有多少笑声。笑声常见于社交互动，笑声和快乐之间有着密切的联系。[11]人们通常把欢笑看作是一种人类独有的活动，尽管黑猩猩也会大笑，但它们的笑主要表现在身体互动上，如搔痒或追逐游戏。[12]

在快乐的社交场合中，快乐的程度体现在笑声的感染力上，即使没有任何其他提示，一个人的笑声也能引发更多笑声。[13]

虽然欢笑与社交场合的快乐密切相关，但它并不总是与快乐联系在一起。"因为……而大笑"通常与快乐有关，而"对着……大笑"则可能与屈辱和羞耻有关。

想想练习 7.1，你在快乐的时候都做了什么？你大笑了吗？

你还做了什么？快乐不仅会让我们想进一步了解世界，从更全面的角度看得问题，还会让我们有更多的动力去实验和发现，探索新想法和新环境，结识新朋友，获得新体验。

（三）快乐的作用是什么？

你觉得快乐的作用是什么？你有没有想过为什么快乐会对我们的生活有益？在练习 7.1 的例子中，你因为快乐做了什么？快乐是否以某种方式"帮助"了你？

本书中许多其他情绪的作用是让我们做一些特定的事情，比如逃避威胁、直面对抗或纠正错误。这些事情通常十分困难，且具有挑战性。而快乐是对我们的奖赏。当我们觉得自己实现了了不起的成就或者做了利人利己的事情，我们就会觉得很有成就感、很快乐。感到快乐时，我们会觉得岁月静好。如果能合理地处理其他情绪，那我们会更加感受到世界的美好，与他人建立更紧密的联系，得到他人更多的尊重，也更加尊重他人，还可以拥有更充实、更健康、更自洽的生活。因此，我们可以把快乐看作是"胡萝卜"，其他情绪是"大棒"，它们起到了"软硬"两种影响，是生活的调味剂。

在本书中，我们强调了各种情绪在社会互动中的功能。快乐对于社交也很重要，它鼓励我们去结识新朋友。"赠人玫瑰，手留余香"，感到快乐会让我们更加愿意与人相处。这正应了另一句老话，从快乐的角度来看，"与其接受，不如给予"。[14]

归根结底，快乐的功能与它本身所带来的创造力有关。与他人合作、探索新领域、着眼于大局、得到认可，都可以培养技能、积累经验、促进人际关系。做事不要有太明确的目的性，为探索而探索，能让我们学到新知识、找到新发现、培养新技能，这对我们个人和整个社会都有益。如果我们需要快速到达某个地方，不妨先在周围漫无目的地闲逛一会儿，或许就能在我们心里给出一张详细的导航地图。我们与朋友度过的欢乐时光，在有需要时可以变成珍贵的回忆。我们在游戏中学到的技能，在受到威胁时可以派上用场。[15]

> 快乐是我们克服困难后得到的奖励。

快乐是一种令人愉快的情绪，就像是我们妥善处理其他情绪之后得到的奖励，我们会因此觉得世间万物都是如此美好。快乐也是一种社会情感，可以增强我们的社交能力。快乐鼓励我们积极探索，帮助我们在生活中获得长足进步。

快乐似乎是一种完美的情绪，唯一的不足可能就是有时候不太够。接下来，我将详细介绍如何获取快乐，讨论一些会阻碍我们快乐的障碍和误解。

二、获取快乐：快乐之轮

和所有情绪一样，快乐也是一种对特定情况的反应，会随着情况的变化而变化。我们不可能一直快乐。然而，有些人往往比其他人更快乐，有些人即使不快乐，也会对自己的生活感到满足。有许多不同的词语描述这种快乐，包括"幸福""蓬勃"和"满足"。这些词语并非用来描述情绪，而是用来描述我们对生活的大致感受。

我们也可以试着挖掘一下，怎样能提高整体快乐感、幸福感或成就感，这将大有裨益。更快乐的人倾向于：

拥有更高的工作效率和更强的创造力。

工作更好，收入更多。

更愿意结婚，会拥有幸福美满的婚姻，离婚的可能性更小。

有更多的朋友和社会支持。

免疫力更强，身体更健康、更长寿。

更加乐于助人，善良仁慈。

能更好地应对压力和困难。[16]

我们将探讨哪些因素可以增加我们的快乐感和满足感。我们用一个有四根辐条的"快乐之轮"来说明这一点（图7–1）。

快乐之轮的第一根辐条是情绪。通读这整本书后，我们再回顾一下各种情绪帮助我们过上充实而健康生活的功能。无论我们当下的情绪是什么，接受、理解和回应这个情绪，都是让我们感到快乐的重要一步[17]。愿意做能给我们带来快乐的事情，并且在感到快乐时细细品味这种感觉，也是促进快乐的重要步骤。虽然这种方法听起来很简单，但想想快乐与生活其他方面冲突的情况，我们就会发现，这个方法听起来容易，做起来难。举个例

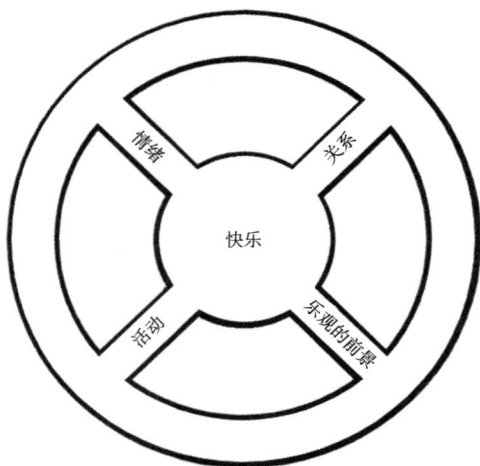

图 7-1　快乐之轮

子，你是否愿意为让自己快乐的活动花钱，或者你愿意继续做让自己快乐的事情还是从事需要辛苦劳作的工作。

> 快乐需要我们理解、接受、容忍和回应所有情绪。

快乐之轮的第二根辐条是关系。在本书中，我们已经了解到了社交对人类的重要性。我们的许多情感来自与他人的互动，而许多情感反过来也对增强社会联系有重要影响。世间的快乐都是相似的。简而言之，社交是所有人类活动中最能带来快乐的一种。快乐的人往往是善于交际的人。与成功、财富或任何其他因素相比，有价值的社交生活与快乐的联系更紧密。[18] 然而，仅仅与人相处并不足以产生很深的快乐感，我们与亲朋挚友在一起的时候才最快乐。

快乐之轮的第三根辐条是活动，这与我们度过时间的方式有关。将大部分时间花在有意义和令人愉快的事情上能极大地促进快乐感。有意义的活动通常与对我们很重要的事情相关，这些事情在当时可能不一定令人愉快，例如工作或学习，但它们可以给我们带来成就感，这与快乐密切相关。令人愉快的活动指那些我们喜欢并且乐在其中的活动。当然，有些活动兼具意义与快乐，例如，体育锻炼既有意义，又令人愉快，并且与快乐密切相关。

快乐之轮的最后一根辐条是乐观的前景。在本书中，我们已经了解到，以特定方式思考和理解情境是特定情绪的原因和结果。如果我们倾向于以积极的眼光看待事物，那我们就能够拥有更高的快乐水平。比如我们看到半杯水，会想还有半杯水，而不是只剩半杯水了，这就会带来快乐。

以上就是快乐之轮的四根辐条，希望你已经清晰理解了。我们在思考究竟是什么让自己快乐时，不妨依次想一想这四根辐条以及我们相应的做法。练习7.2会教你如何画出自己的快乐之轮，帮助你考虑哪些辐条需要修改。后面的部分我将提供一些修改快乐之轮四根辐条的理论。

练习 7.2　绘制自己的快乐之轮

你是否会在某些时候更积极或更消极地看待事物？

你周围是否有人以非常积极或消极的方式看待事物？

拿出一张白纸和几根笔，最好是彩笔。

你想在你的快乐之轮里写些什么？你可能想写下"快乐"，或者其他短语，例如"更好的生活""满足感"或"更多享受"。

像蜘蛛结网一样，你想想每根辐条，然后在上面画更多的辐条，突出你目前与每根辐条相关的行为。使用不同的颜色，使其看起来有吸引力，也能突出特定事件。

你可以把进展顺利和不顺利的事情都写下来。

情感：

你是否比其他人更容易纠结于情感？

你是否陷入了本书中提到的某种情绪陷阱？

那快乐呢？你注意到自己是否快乐了吗？你重视自己的快乐感吗？

人际关系：

你和谁在一起的时间最多？

你和谁最亲近？

你会花时间和自己不喜欢的人在一起吗？

有意义且愉快的活动：

你在什么事情上花的时间最多？

你觉得自己有"空闲的"或"自由的"时间吗？

有没有你喜欢但没有花太多时间去做的事情？

你有没有做过让自己不开心的事情？

态度乐观：

你是一个"半空"的人，还是一个"半满"的人？

三、提高快乐感

现在你已经大致画出了自己的快乐之轮，接下来好好看看你的快乐之轮，思考可以做些什么来改进。你可以用不同的颜色将改进措施添加到快乐之轮上，这样你就能看到需要关注的事情。

（一）情绪

快乐是我们最重要的情绪之一，与其他所有情绪相关联。快乐源于一些可能会产生其他情绪的活动，例如与他人的社交、取得成就等。为了感受到强烈的快乐，例如兴奋，我们可能不得不做一些吓人的事情。例如，像跳伞、蹦极或激流漂流这样的活动极具挑战性，会让我们肾上腺素飙升，感到扑面而来的恐惧，从而获得快乐和兴奋的感觉。因此，在这种情况下，我们要感到强烈的快乐，就必须敢于直面恐惧。要从与他人的联系中体会到美好的一面，我们就必须为随之而来的痛苦做好准备。还记得引言中的练习2吗？你在纸的一面写下对自己很重要的人的名字，在另一面写下对他们的所有情感。有的事情可能会让你感到悲伤、内疚、恐惧或羞耻，但也有的事情会让你快乐。我们无法在不经历痛苦的情况下从社交关系中体会到好处，而我们从与他人的亲近中所感受到的快乐也会因为其他情感而多姿多彩。

本书一直在介绍如何注意和理解自己的情绪，然后以有益的方式做出回应。我们都会有一些可能自己觉得能处理得好的情绪，也会有一些比较棘手的情绪。你可能会发现自己陷入了本书中提到的一些情绪陷阱，需要采取一些措施才能摆脱。这一切目的就是要让你无论有什么感受，都能注意到它、理解、接受、容忍它，并在大多数时候以有益的方式做出回应。

到目前为止，我们还没讨论你可以做些什么来注意到并体会快乐。

1. 活在当下

快乐与当下的感受息息相关，所以我们可以选择"既来之，则安之"。这句话看似简单，但我们可能会不由自主地过度解读，原因就在于我们对快乐的误解。许多人，尤其是很少感到快乐的人，每当他们感到快乐的时候就忍不住思考"这会持续多久？"或"我怎样才能维持住这份快乐，让它不会消失？"。他们的问题就在于试图分析自己的快乐，把快乐从当下抽离出来，并弄清楚自己在什么时候会快乐，却没有意识到快乐是一种自然而然就会产生的情绪。思考未来以及我们可能会有的感受，诚惶诚恐地想要维持快乐，反而会让我们与快乐渐行渐远，还会让我们更加觉得快乐总是一晃而过，开心的时刻屈指可数。

　　快乐是属于当下的一种情绪，我们在快乐时通常会专注于自己周围正在发生的事情或自己正在做的事情。我们所要做的就是活在当下，关注此时此刻的感受，然后好好享受这一刻。这其实并不简单，但我们可以采取一些措施来帮助自己做到。在关于恐惧和愤怒的章节中，我们讨论了如何将自己的注意力从对当下威胁的感知上转移开，让爬虫类脑冷静下来，换理性脑思考。这些技能都互通，也可以用来帮助我们感到快乐。这种技能一般叫作"正念"，有很多练习方法。

2. 微笑

　　面部表情是我们情绪的重要元素，快乐也不例外。意识到我们的面部表情并做出调整，这会让我们更有可能感到快乐。老话常言，"不要愁眉苦脸"，似乎有些道理。你现在不妨尝试一下：注意自己的面部表情，微笑一下，保持这种皮笑肉不笑的表情。你注意到了什么？通常，这么做会让我们轻松一点，也许还会让我们发笑。如果我们在其他人面前这样做，那这个表情还会产生更大的影响。"独乐乐不如众乐乐"这句老话也有它自己的道理，因为微笑常常会传递给其他人，而愁眉苦脸却不会。[19] 笑容也会让别人想接近你，因为笑脸更有吸引力。[20]

　　有人认为仅仅面带微笑似乎太简单了，无法影响我们的感受，但根据一些对跑步者的研究，微笑确实会产生重大影响。在实验中，被要求保持微笑的跑步者感觉比被要求皱眉的跑步者更轻松。就跑步时的氧气消耗率而言，微笑跑步者还拥有比皱眉跑步者更好的身体机能。[21]

3. 大笑

笑声与快乐的联系非常紧密，笑口常开也可以提升快乐感。目前已有很多关于"笑声疗法"的研究。例如，一群人聚集在一起为有趣的事情开怀大笑，例如喜剧或搞笑电影，哪怕只是无缘无故地笑笑也好。研究发现，这种群体活动对不同人群的各个方面都能产生积极影响，例如情感健康和生理健康。[22] 值得一提的是，这些研究大多分组进行，集体大笑是将人们团结在一起的有效方式。

就像微笑一样，大笑也能帮助我们感到快乐，拉近与周围人的关系。

> 在当下，微笑和大笑都会增加人们的快乐感。

（二）人际关系

快乐与我们的社会密切相关。从我们快乐的角度来看，决定和谁共度时光、忽视或接受谁的邀请，这些是我们生活中最重要的一些事情。练习 7.3 将帮助你思考人际关系。我们生活中有各种各样的人，从家人、朋友到同事、熟人，甚至宠物。你可以画一个图表来说明这些关系，帮助自己思考可以做些什么来提升快乐。画好显示最亲近之人的图表后，你就可以使用三种方法来提升快乐感。第一是将与最亲近之人的相处时间最大化；第二是改善特定的人际关系；第三是建立新的人际关系。最后，我们可以考虑善待其他所有人。

练习 7.3　你的社交生活

拿出一张白纸和几根笔，最好是彩笔。

用你最喜欢的颜色把自己的名字写在正中间，要写得又漂亮又大。你是这张纸上最重要的人。

现在，如果可以的话，在自己名字周围用不同的颜色写下其他人的名字。注意其他人的名字要和你自己的名字留有一定距离，代表你与他们的亲近程度。把最亲近之人的名字写得近一点，把不亲近的人的名字写远一些。这应该是你真实的亲近程度，而不是你期望的或认为应该有的亲近程度。

举例如下（如图 7-2 所示）。

斯图尔特觉得他的生活还不错。他已经四十几岁了，有一段非常幸福的婚姻，儿子已经长大成人，还有一份相当不错的工作。斯图尔特有两个结识已久的朋友，每个月他们都会见上好几次，彼此困难的时候也会团结在一起克服困难。斯图尔特与自己的父亲非常亲近。几年前父亲去世了，斯图尔特会经常去看望母亲，因为他认为母亲需要陪伴。不过，他一直感觉自己的生活有点刻板乏味，想要更快乐更充实一点。

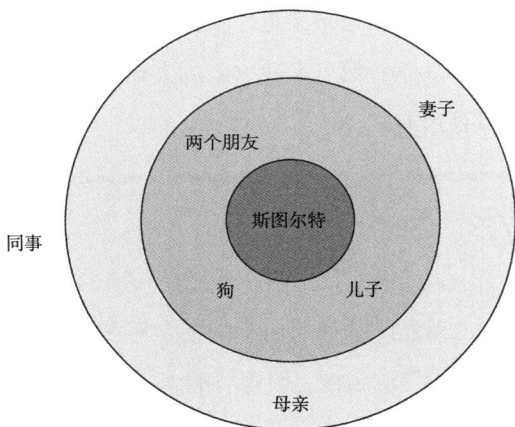

图 7-2　斯图尔特的快乐图表

斯图尔特的图表显示了他与周围人或物的亲近程度，突出了他在自己的社交生活中没有真正考虑过的一些方面。他与自己两个朋友、儿子和狗都非常亲近，但他注意到自己最近对妻子有些疏远，他也感觉母亲并不是真正欣赏或理解他。斯图尔特还对自己与同事之间的脱节感到震惊，因为他在工作上花了很多时间。

1. 最大化时间

为了充分利用我们的社交生活，我们希望花最多的时间陪伴最亲近的人。你是否把大部分时间都用来陪伴图表上那些最亲近的人？如果你花了很多时间与较为疏远的人相处，那是什么原因导致的？工作是一项经常需要我们花时间陪伴陌生人的活动，有时我们也会花大把时间陪伴不那么亲近的朋友或家人，我们还会花很多时间独处，甚至远远超过我们真正想独处的时间。

最大化我们与他人共度的时间是提升快乐感的有效方法。有一些立竿见影的方法，比如改变自己的工作方式，调整工作时间，或者重新分配工作量。我们可以努力与人多接触，提前做好安排和计划；或许还可以做出改变，减少与某些人在一起的时间。

即便无法做到这几点，我们也可以给自己制定一些小规则，以便在时机成熟时做出改进。例如，"如果别人邀请我，我就去"，"如果我遇到了某人，告别之前，我会建议或安排下一次见面"或"我要在出门时努力与更多人交谈"。

2. 改善特定的人际关系

在你的图表上，你可能会将某些人放在离自己较远的位置，却希望与他们更加亲近一点。可能有些人你曾经很亲近，但现在已经和他们闹掰了、疏远了或失去了联系。我们可能会觉得与自己的伴侣疏远了，或者想起很久以前就闹翻了的兄弟姐妹。

从快乐的角度来看，考虑重要的特定人际关系，并尝试做出改善，这确实很有帮助，而且也有很多可做的。例如，如果我们在工作上花了很多时间，但感觉与同事的关系并不亲近，我们可以减少花在工作上的时间，或者与同事更亲密一点，毕竟工作中可能有我们喜欢并想结识的人。

在其他情况下，人际关系可能会出现重大困难。人际关系中的紧张、冲突和敌意不会让任何人开心，因此我们需要尝试解决或面对与人相处时遇到的困难。尤其是在我们感觉情况堪忧的时候，三思而后行，寻求最佳解决方案或做出改进就显得非常重要，因为这样可以改善人际关系，否则就会使人际关系进一步破裂，导致彼此更加疏远，甚至彻底分道扬镳。从长远来看，无论用哪种方式都能给我们带来好处，因为与他人频繁且不快的接触百害而无一利。

3. 建立新的人际关系

通常，我们在做这一步的时候就表明，我们的社会生活存在空白。也许是因为我们身边的人还不够多，也许是因为我们真的很需要陪伴，抑或是因为我们想建立更多的友谊。建立新的人际关系可能会让人感到害怕，但练习 7.3 中的图表强调了我们该如何做好这一步。因为无法立即找到想要亲近的人，所以我们的任务是将自己置于有可能建立新人际关系的环境中。我们可能需要做一些事情来结识更多的人，比如加入一支运动队、走进健身房、参加读书小组、报名课程或在网上结识同道中人。我们可能需要考虑图表边缘的人，与他们进行更多的交谈，花更多的时间与他们相处，这样就可以拉近彼此的关系。我们花更多时间和朋友的朋友在一起，说不定就能扩大好友圈，因为他们可能会和我们有共同的兴趣。重点在于，建立新的人际关系永远不会完全处于我们的掌控范围内，我们所能做的只是选择将时间和精力花在哪里。在大多数情况下，与珍视和喜欢的人在一起会让我们感到更快乐，而且彼此之间的关系一定会朝着积极的方向发展。

4. 善举

我们总会时不时做出善举。有意识地多多行善并记下自己做过的好事，可以在许多方面增强我们的快乐感。善举是为他人做的一些小事，例如在商店中让他人先行，给他人送卡片或小礼物，帮他人一个小忙，捐赠或为某事感谢某人。

善举以对他人的理解为基础，所以我们在做善事时要有同理心。为他人做事使我们感到快乐，也往往会引来他人的感激和欣赏，从而加深人际关系。所有这些都可能使我们与他人更亲近，也让每个人都感到更快乐。

> 改善特定的人际关系、接近他人和释怀都可以增加快乐感。

回头再看看我们刚刚举的例子，斯图尔特更清楚地知道了哪些关系对他的快乐最重要，他做出的改变不大，却可以增加与最亲近之人相处的时间，改善人际关系，扩大社交圈。

斯图尔特决定在工作中与同事一起努力，而不是只把注意力集中在完成任务上。他开始和同事谈论周末安排，也会和同事一起去吃午饭，在单位参加更多的社交活动。斯图尔特也开始把一些工作委派给其他同事，这样他就不用加班到深夜。他还开始优先考虑陪伴妻子，这样他们就可以一起做更多事情，彼此更加亲近。斯图尔特还做出了一个艰难的决定，那就是少花时间去看望他的母亲，这主要是因为当他和妻子谈到这件事时，他们都认为，他去探望她更多是因为他对她独自生活的内疚，而不是两个人真正需要这种陪伴。斯图尔特继续与朋友见面，但他们有时也会喊上其他人一起聚聚，例如伴侣、孩子，还有朋友的朋友，这样他们就可以扩大社交圈。最后，他决定把清晨遛狗排在优先位置，其他事先推到一边，为遛狗腾出时间，因为他觉得这样他和狗狗都能拥有更好的一天。

（三）活动

快乐之轮的四根辐条之一是活动。在第二章关于悲伤的内容中，我们谈到了摆脱悲伤陷阱的三个活动原则：适量活动、平衡不同活动、养成运动习惯。我们也可以用这些理论来寻求更大的快乐和满足，我们要把最多的时间花在那些最重要、最令人愉快的活动上。练习 7.4 可以帮助你思考生活的方方面面，找出对你来说最重要的东西。[23]

练习 7.4　价值观

把时间花在有意义的、令人愉快的事情上，可以让我们感到快乐。什么对你来说有意义？你有什么特别喜欢的事情吗？你想活成什么样？下方的表格中罗列了生活中的十个领域。请你考虑每一个领域以及其中的重要内容。不要考虑成就和目标，而要考虑价值观和原则，也就是你要想想如何度过自己的时间，而不是想着要去得到什么，例如，"演奏音乐对我很重要"而不是"我想要得到一次演出的机会、考一个乐器等级证书"，或者"我对周围的世界感兴趣"而不是"我想去 xxx 看看 xxx"。

有的领域相较其他领域而言更加重要，所以如果你觉得每个都重要，那就先选择最重要的。

浪漫 / 亲密关系	休闲和娱乐
身体健康和快乐	公民、社区和环境
工作 / 职业	精神与宗教
个人发展和教育	育儿
家庭	友谊和社交

一旦你更加清晰地了解了对自己最有意义的活动，你就可以对其进行优先排序。你可能需要安排这些活动，让它们成为你日常活动的一部分，保证自己不会遗忘或忽视。体育锻炼可以带来极大的快乐，保持这个习惯也会给我们带来一些改变。此外，在不同活动之间保持平衡、确定适宜的活动量，这两点也很重要。很多时候，我们在试图做出改变来改善生活时，会太急功近利。所以最好从小事做起，做那些小到根本感觉不到有改变的事情，才有产生更可持续的改变。

如果你很忙碌，那么你在调整分配时间的方式时，可能会遇到一些艰难抉择。如果你有太多的优先事项，那么你其实就没有任何真正的优先事项！因此，如果你真的打算先做最重要的事情，你就需要降低其他事情的优先级。我们不仅要考虑事情的重要性，还要考虑做那些事情是否会让你快乐。[24] 符合这两个条件的事情应该为数不多。如果你真的要去做这些事情，你就需要放弃其他事情。你可以先想清楚什么对你来说最重要，甚至可以先写下优先事项，以便在自己必须选择是否可以做"额外的小事"时参考，然后去实践。

（四）发扬乐观主义

我们从本书的各个章节中可以看到，很多情绪都会给我们的思维方式带来负面影响。例如，悲伤会让我们想起其他悲伤的时刻，内疚会导致我们在自己的错误上钻牛角尖。其实我们可以针对这些消极的思维方式采取措施，减少其对我们世界观的影响。我们也可以更进一步，努力培养自己更乐观的态度。

> 要快乐，就要发扬乐观主义精神。

总之，我们要更加了解自己的思维方式，注意自己何时从"杯子是半空的"的角度看待事物，又何时从"杯子是半满的"的角度看待事物。下面的两个方法可以帮助你重新在这些思维方式与其他思维方式之间找到平衡。

1. 乐观日志

我们可以培养自己专注于积极一面的能力，以此来构筑积极的心态。乐观日志并不是为了让我们轻视生活中已存在或潜在的困难，而是让我们关注生活中积极的一面。写乐观日志的前提是我们已经非常善于观察和记住正面因素。

乐观日志就是写下这一天发生在我们身上的好事。乐观日志可以提醒我们生活处处都有真善美，还可以用于关注我们生活的特定方面。例如，我们可以多多记录一些与"人们重视我"或"我有能力"相关的事情，更加积极地看待自己。我们还可以通过记录这些事情来更积极地看待这个世界，例如"大多数人都很善良"或"大多数人都很友好"。

你可能有某种消极的心态，它从其他方面阻碍你获得快乐。针对这种心态，结合你在快乐之轮中可能做的其他事情，写一份乐观日志，这可以很好地帮助你培养积极的心态。

2. 知足常乐

这句老生常谈与本章极其契合，"知足"实际上真有可能会让我们"常乐"。还记得吗？快乐的重点在于从我们周围的事物和我们正在做的事情中发现真善美。拥有一双善于发现美的眼睛可以让我们做更多能带来快乐的事情。知足常乐的心态还会让我们不再贪得无厌，不至于在每件事上都不达目的不罢休，而是鼓励我们看到自己已经拥有的，让我们感到心满意足。不妨试试以比以往更知足的态度做事，这可以让我们更加快乐。[25]

四、总结

快乐是我们最重要的情绪之一，源于我们取得的成就和社会联系。快乐不仅令人愉快，还好处多多，能使我们更有活力，在健康、成功和成就感等方面给我们带来许多长期好处。要获得真正的快乐，我们必须重视所有情绪，与他人建立牢固的联系，不虚度每分每秒，培养乐观的心态。本书的目的就是帮助你过上更快乐的生活。本章中的一些想法可以帮助你实现这一目标，让你活出快乐，活出精彩。

注　释

引言

1. 斯卡兰蒂诺和德索萨（2018 年）在百科全书条目中的第一句话。

2. 亚里士多德的理念可以在 1984 年的翻译版本中找到。

3. 普拉切克（1984 年）。

4. 艾克曼和凯尔特纳（1997 年）发表了他们的研究，但是杰克等人（2014 年）进行的最新研究表明，我们只能准确地识别到其他人脸上的四种情感。

5. 正如本节强调的那样，我们曾经认为的人类情感数量其实并不准确，因为那些情感之间存在交叉重叠，并且从理论角度来说，对情感本身的定义也存在分歧（伊扎德，2009 年，另见注释 10）。本书站在实用主义的立场上，坚持认为人类只有 7 种受到普遍认可的主要情感，并且这些情感也最能有助于我们缓解不好的情感体验，让我们的生活健康和充实。

6. 例如，可以参考艾克曼的研究（艾克曼和凯尔特纳，1997 年）。

7. 詹姆斯 – 朗格理论是最早出现的情感理论之一，由两个理论家分别提出（参见坎农，1927 年），两者都认为情感的意识体验由身体的生理变化驱动。他们认为，环境刺激会引起生理反应，而这种生理反应就是所谓的情感。沃尔特·坎农和他的博士生菲利普·巴德发现，即使完全切除交感神经系统，人类也会有情感体验，而当生理反应被人为操纵时，人类就不会有情感体验（坎农，1927 年）。他们提出了一种替代模型，可以分别让人同时产生生理和情感反应（坎农－巴德情感理论）。

沙克特和辛格的情感双因素理论（沙克特和辛格，1962 年）认为，我们可以对最初的触发器和导致的生理状态进行认知评估以确定自己产生了那种情感。拉扎鲁斯（1991 年）也提出了一种情感理论，认为认知评估是体验情感的核心。

8. 本书所引用的大部分科学研究都源于"离散情感理论"（伊扎德，2009 年）。该理论认为，人类拥有特定的核心情感，这些情感由生物学决定，并且在不同文化中相似。而像巴雷特（2017 年）的"构建情感理论"等其他理论则认为，人类的情感体验更多地与如何构建情感体验有关，而非生物预设。本书对情感的起源在多大程度上是生物预设或社会构建这个问题不作讨论，相反，本书采取实用主义立场，认为存在我们所有人都能够理解并与之相关联的情感体验，这些情感体验与前面提到的五个情感元素有关。

9. 达尔文（1872 年）。

10. 这个练习改编自我的一位同事使用的一个非常有效的练习。非常感谢在诺福克工作的资深临床心理学家安德烈·博尔斯特博士。

11. 这个想法来自神经科学家和理论家保罗·麦克林（1990 年），他将神经科学和大脑研究的概念与进化理论结合在一起。这个想法被称为"三位一体大脑"，它不仅在神经科学领域具有很高的影响力，而且在社会科学领域也很有影响力。当然，这个想法自从发表以来就因为多种问题而受到批评，大部分问题都与其理论的过度简化有关。虽然这个模型确实简化了一个复杂的科学，但它仍然为我们这些不属于神经科学领域的人提供了一种有用的思考和谈论大脑的方式。事实上，曾有人指出，三位一体大脑的概念仍然是我们将神经科学与社会科学联系起来的最佳概念（科林，2002 年）。

12. 齐格尔（2015 年）。

13. 如需更详细地探讨这些问题，请参考以下学者的文章和书籍：施耐克（2017 年）、戴维斯（2013 年）和萨兹（2013 年）。

14. 汤马斯·萨兹是美国精神病学协会的会员，他在该领域写了许多书籍，包括 1961 年出版的《精神疾病的神话》(The Myth of Mental Illness)。詹姆斯·戴维斯在 2013 年的书《精神疾病的神话：破碎的精神卫生》(Cracked) 中讨论了《诊断与统计手册》的撰写方式，其内容之详细，分析之到位，令人信服。

15. 范·奥斯等人（2003 年）和约翰斯通（2014 年）。

16. 该例子涉及一组药物，称为选择性 5- 羟色胺再摄取抑制剂（SSRI）。这些药物被推荐用于许多不同的诊断，例如，可以参考英国国家卫生与临床优化研究所（NICE）的指南，网址：www.nice.org.uk。

17. 最近几位家庭医生进行了一项特定 SSRI 抗抑郁药物（舍曲林）的试验，这是少数几项"真实生活"试验之一。试验发现，该药物实际上对被分类为抑郁症的体验并没有短期影响，而是减少了所谓的焦虑体验。在 12 周内，该药物可对生活质量产生积极影响，但它对被分类为"抑郁症"的体验的影响仍然很小。作者得出的结论是，虽然有证据表明舍曲林优于安慰剂，但它似乎并不是通过针对被分类为抑郁症的体验发挥作用。这表明将这些产品标称为"抗抑郁药物"可能是具有误导性的（刘易斯等人，2019 年）。

18. 抗精神病药物也存在着长期争议，一些作者认为它们的负面影响大于正面影响（怀特克，2004 年）。其他作者则声称没有足够的证据来评估这一说法（索勒等人，2016 年）。

19. 基尔什（2014 年）对多项研究进行了详细综述，展示了这种效应。

20. 最近人们进行了一项关于《国际疾病分类》第 11 版制定的调查，其中对接受诊断的人进行了访谈，强调了该过程的有用性，并推荐了一种协作式的方法。重要的是，虽然寻求了接受诊断者的意见，但并没有向个体提供诊断模型以外的任何其他选择（珀金斯等人，2018 年）。

21.《精神障碍诊断与统计手册》第五版（Diagnostic and Statistical Manual of Mental Disorders）共包含 541 种诊断，而第一版仅有 128 种

（布拉什菲尔德等人，2014 年）。

22. 英格兰定期进行的心理健康调查收集关于"常见心理障碍"的信息，使用 14 个症状簇的评估（例如睡眠问题、抑郁和担忧）。这项调查通常发现，大多数经历这些症状问题水平的人不符合任何特定诊断标准。此外，如果人们确实符合某种诊断标准，那他们通常也会符合其他诊断标准（麦克马纳斯等人，2016 年）。

23. 已经有研究表明，在不同情况下是否会给出相同的诊断结果。例如，由不同的临床医生进行诊断。这个概念叫做可靠性。研究往往发现，可靠性在不同的诊断和不同的信息水平下是不同的。一些受控研究发现，常见病例的诊断在临床医生之间的可靠性很高（拉斯金等人，1998 年），但对于不太常见的病例诊断，可靠性显著降低，甚至接近于偶然水平（马图扎克和皮亚塞基，2012 年）。此外，在常规临床实践中收集的信息比通常在结构化诊断访谈中收集的信息要少，这通常也会导致可靠性极低（桑德斯等人，2015 年）。

24. 目前人们并没有发现诊断具有较好的预测相关构建，例如服务需求、生活质量或治疗结果（约翰斯通等人，1992 年）。

25. 凯斯勒（1997 年）。

26. 马瑟森等人（2013 年）；魏克等人（2002 年）。

27. 美国精神病学会（2013 年）。

28. 心理健康病史可能会成为各种职业的排除因素，包括武装部队和紧急服务。《柳叶刀》（The Lancet）杂志最近刊登了一篇综述，汇总了来自全球的社会污名和歧视研究，这些现象可能源于某些群体的身份、特征或行为，导致他们受到不公正的对待或者被排斥、歧视（桑克罗夫特等人，2016 年）。

29. 高水平的自我污名化与自尊心不足相关，并且这种情况即使是在控制了其他因素，如诊断、抑郁水平和人口统计变量之后也会存在（Corrigan 等人，2006 年）。其他研究将这种自我污名化与社交退缩等行为联系起来（Link等人，2001年），这可能会加剧对自尊心的影响。从另一个角度来看，自我污名化水平较高的人往往会讲述关于自己和他们生活的故事，这些故事会降低他们的社会价值（Lysaker等人，2008年）。

30. 科里根等人（2006年）。

31. 这些理念来自丹尼尔·西格尔的研究成果（2015年）。

32. 心理学和社会科学领域将情绪调节失调进行了操作性定义（将某种抽象的概念转化为某种具体、可操作、可测量的过程），这个过程其中涉及六个相关维度（格拉茨和罗默尔，2004年）：1.缺乏对情绪反应的认识；2.缺乏对情绪反应的清晰度；3.不接受情绪反应；4.认为缺少有效的情绪调节策略；5.在经历"负面"情绪时难以控制冲动；6.在经历"负面"情绪时难以参与目标导向的行为。

第一章

1. 2008年，有人在网上调查了人们害怕的东西都是什么。调查结果显示，最让人们害怕的十个行为或事物分别是飞行、高处、小丑、性、死亡、拒绝、人、蛇、失败和驾驶（Tancer，2008）。2005年，如果你问美国的青少年最害怕什么，第一个就是恐怖袭击，然后是蜘蛛、死亡或者濒死、失败、战争和高处（Lyons，2005）。

2. 在一篇评论期刊中，作者汇总了39项不同的研究，以此来测试这四个因素在每个人的恐惧里占有多大比重。他们发现超过90%的恐惧来源都属于这四个类别中的一个（Arrindell等，1991）。

3. 如需完整研究，请参阅Mineka等（1984）。

4. Gerull和Rapee（2002）。

5. 有人在荷兰随机挑选了一个社区进行研究。超过40%的受访者都表示自己在生活中的某个时刻经历过某种极度恐惧。其中最让他们恐惧的是高处、动物、封闭空间和流血（Depla等，2008）。

6. 有一项研究调查了遍布五大洲的37个国家和地区的人们的情感

经历，着实令人赞叹。这项研究告诉我们，人们的基本情绪（包括快乐、恐惧、愤怒、悲伤、厌恶、羞愧和内疚）极其相似。这些结论来自 Scherer 和 Wallbott，1994。

7. Tranel 等（2006）。

8. 美国心理学会（2013）。

9. Epstein（1972）。

10. Izard（1991）。

11. Izard（1991）。

12. Sandseter（2009）。

13. Alison Brooks 进行过一项有趣的研究。这个研究包括四个课题，分别探讨了人们在进行公共演讲、数学测试和卡拉 OK 唱歌等活动时，他们的内心从恐惧转变为兴奋的过程。在每项研究中，那些受到各种方式的鼓励来将自己的感受视为兴奋而不是害怕的参与者会越来越兴奋，这有助于他们将情况视为机会而不是威胁，并改善他们的表现（Brooks，2014 年）。

14. 有关元分析的评论期刊认为，无论这些诊断出焦虑症的患者是成人（例如，Hofmann 等，2012 年）还是儿童和青少年（James 等，2015 年），都应当用认知行为疗法来帮助他们。尽管可用的认知行为治疗模式多种多样，但并没有证据证明它们彼此之间有优劣之分。最近发布的一项元分析评论期刊指出，没有证据表明针对儿童和青少年的特定疾病认知行为疗法比一般的认知行为疗法更有效（Oldham-Cooper 和 Loades，2017）。但是对于成年人，倒是有证明使用 Clark 和 Wells(1995) 的社交焦虑模型，比一般的模型更有效。但读者需要谨慎解读这一观点，因为所有试验都是由开发者进行的。本章概述了针对恐惧情绪障碍的通用认知行为疗法模式。这个模式可以针对不同的实际情况带来不同的治疗效果，也就是说人们可以用这个模式针对特定恐惧来进行行为干预和行为实验。该模式的干预措施与疾病特异性干预措施一致，在具体表现那一部分有所提及。

15. Clark 和 Wells（1995）模型的重要组成部分有内在注意力和最坏情况图像。

16. 例如，Hedman 等人（2013）发现那些经历了社会恐惧的人的羞耻程度更高。他们还指出羞耻感会随着恐惧的减少而减少。这就是认知行为疗法干预的结果。

17. 认知行为疗法的模型之一就是用于治疗恐慌症，其核心在于帮助人们消除对自己身体信号的误解 (Clark，1986)。

18. 焦虑治疗模型有足够的证据支撑，这个模型的核心组成部分正是焦虑和不安之间的联系。本章中概述的相关行为和干预措施与该模型一致（Robichaud 和 Dugas，2015）。

19. 各种焦虑障碍治疗手册中都提及焦虑时间和无焦虑时间的概念（Borkovec 和 Sharpless，2004）。

20. 这里提到的观点与强迫症的认知模型一致（Salkovskis，1999）。还有证据表明，这些障碍会加深内疚感（Geissner 等，2020）。

21. 这两种观念是认知行为疗法治愈创伤后应激障碍方案的重要组成部分（Ehlers 和 Clark，2000）。

第二章

1. 这些想法有许多来自 Stein 和 Levine 的研究成果及其认知情感的理论。他们努力区分不同情绪的不同方面，以儿童为研究对象，测试了自己的许多想法，并取得了一定程度的成功。他们曾于 1987 年发表过一篇详细概述自己理论的优秀论文。

2. 要想了解来自不同文化背景下的人们的悲伤有什么不同，可以看看 Barr-Zisowitz 的讨论，非常有趣。

3. 悲伤的五个阶段是 Kübler-Ross 和 Kessler 提出的一个理论，非常实用。这五个阶段分别是否认、愤怒、恳求、沮丧和接受。后人的模型还包括"痛苦和内疚"或重建等其他阶段。此理论的问题在于，它们倾向于以一种说明性的方式来解释人们的悲伤，并"期望"人们的情绪变化遵循这个模型。这个理论可能对那些选择不同的心理历程、逆其道而行或干脆跳过某些阶段的人有负面评价（Stroebe 等，2017）。这本书的宗旨是，没有"正确"的感受方式，也没有"应该"有的情绪。如果我们有一种特定的感觉，要去理解这种情绪的起因和功能，并找出最佳应对措施。

4. Scherer 和 Wallbott（1994）。

5. 要想了解更多关于悲伤的"积极"一面的知识，请参阅 Barr-Zisowitz（2000）。

6. 要想了解在跨文化背景下对这个理论的进一步讨论，请参阅 Barr-Zisowitz（2000）。

7. 要想了解关于与不同情绪相关的各种处理方式的深入研究，请参阅 Isbell 等人在 2013 年的研究。要了解更多关于我们的情绪如何与我们对自己成功的期望联系在一起的知识，请参阅 Kavanagh 和 Bower 在 1985 年的研究。

8. 要想了解关于人类哭泣的详细研究，请参阅 Vingerhoets（2013）。Balsters 等人的一项实验研究证明了看到眼泪对识别悲伤能力有一定的影响（2013）。

9. 抑郁的感受主要是由退缩引起和维持的，这个观点得到了包括 Leventhal 在内的各个学者的赞同。Leventhal 在本章中概述了一个与悲伤陷阱相对应的看待问题的方式。

10. 大多数诊断出抑郁症的人在生活中通常都经历过让自己非常悲伤的事情，这是众所周知的事实（Kendler 等，1999）。

11. 此处提及的策略主要关于专注做更多的事情和挑战既有思维，这与认知行为疗法治疗抑郁症的事实基础相统一。主要的治疗方式是行为激活和认知疗法，专注于我们对情绪的认知和应当采取的措施

（Barth, 2013）。

12. 行为激活是一种基于行为科学的治疗手段，它将我们的行为与情绪联系起来。悲伤陷阱源自我们过度逃避情绪，所以减少逃避和采取更多措施是摆脱悲伤陷阱的重要步骤。相关研究已经证明了，行为激活对诊断出抑郁症的人有帮助（Richards 等，2017）。

13. Frude 提供了这个巧妙的想法，让我们从积极心理学的角度思考哪些活动才最重要（Frude，2014）。

14. 认知行为疗法包括挑战既有思维，这个方法在各种研究中已被证明对那些诊断出抑郁症的人有效。一篇论文汇集了近 200 项研究和超过 15000 名参与者的结果，发现认知行为疗法和行为激活都优于对照条件（Barth 等，2013）。

15. 本表改编自 Burns（1999）。

第三章

1. 一项针对大学生的调查发现，他们感到愤怒往往是因为有一种"遭到误导、背叛、利用、失望、被他人伤害或不公正对待"的感觉（Izard，1991 年，第 235 页）。另外还有几位学者也强调了其他情绪对愤怒的影响。他们认为，愤怒来源于"对不想要的、意想不到的、令人厌恶的人际行为的反应"（Kassinove 和 Tafrate，2002，第 31 页）。

2. Parkinson（2001）和 Deffenbacher 等（2016）。

3. 有一项研究调查了人们开车时越来越愤怒的原因。研究发现，与其他情况相比，路怒所夹杂的其他情绪更少。我们有路怒时会更愿意把过错都归咎于对方身上，这很有可能是因为彼此之间沟通不畅（Parkinson，2001）。

4. 伯科维茨（1990）。

5. MacCormack 和 Lindquist（2019）。

6. Krizan 和 Hisler（2019）以 142 人为实验样本，进行了一项研究。

他们让其中一半人睡眠不足，让另一半人睡眠充足。然后让两组人都暴露在响亮又恼人的噪音中。研究发现，两组人当中，睡眠不足的人明显比睡眠充足的人更愤怒。这证实了，睡眠不足会导致愤怒感增强。

7. Scherer 和 Wallbott（1994）。

8. Izard（1991）。

9. 一项针对大学生的调查发现，大学生们在愤怒之后所产生的大多数想法都是报复性的（Izard，1991）。

10. Tucker-Ladd（1996）的一本书中有一章讨论了愤怒。这章的引言部分提到了"愤怒可能比其他任何情绪造成的伤害都大"，并阐述了有关愤怒的两个问题，也就是"如何预防或控制你自己的愤怒，以及如何对待对你有敌意的人"。

11. Kassinove 等（1997）。

12. Lewis 将这种从某个环境中受到对目标的阻碍上升到对个人的轻视的转变描述为愤怒和暴怒之间的区别（Lewis, 1993）。

13. Pinker（2012）。

14. 引自一份帮助父母管教年幼孩子的指南（Phelan, 2016）。

15. 间歇性情绪爆发症首次见于《心理疾病诊断统计手册》（第四版），并在第五版中延用。这个词描述了不合时宜并且会导致痛苦和情感功能障碍的攻击性情绪爆发行为（APA, 2013）。

16. 2015 年，在美国进行的一项调查以一个有 34000 人居住的社区进行研究。研究发现，声称自己经历过"强烈的或是难以控制的愤怒"的人高达 8%。另一项研究发现，在那些因心理健康问题而寻求帮助的人中，大约有一半人都控制不好愤怒这个情绪（Posternak 和 Zimmerman, 2002）。还有一项针对临床心理医生的研究发现，医生们接到的有关愤怒情绪障碍的病例与恐惧和焦虑的一样多。不仅如此，医生们还说，他们在帮助病人处理愤怒情绪障碍时，比处理其他情绪障碍更加拿捏不定和缺乏信心（Lachmund 等，2005）。

17. 一项研究证实了认知行为疗法的可行性，但也表示这个疗法尚缺乏能治愈更常见的愤怒情况的证据（Lee 和 DiGiuseppe，2017）。

18. 这就是 Scheff（1987）强调的"羞耻 - 愤怒"螺旋递增模型。

19. Speed 等（2018）。

20. 有关有魄力的这四个部分直接摘自 Lazarus 在 1973 年写的一篇短论文。他的这篇论文旨在区分有魄力和敌意，并重点讨论了一个人要做到有魄力所需的四种互不相关的技能。他还在这篇论文里讲了自己从一个脾气暴躁、不乐于助人的男人那里买衬衫的故事。Lazarus 没有和这个坏脾气的人针锋相对，也没有向他的领导举报他，也没有一走了之。相反，Lazarus 和那个人说他看起来似乎今天过得很糟糕，并问那个人发生了什么事。Lazarus 的这个处理方式最终让两人都能心平气和地交流，这对彼此都很有益。

第四章

1. 这些分类来自一篇论文，该论文旨在综合分析各种潜在的病原体厌恶类型。这里列出的六个类别为这些数据提供了绝佳的解释（Curtis 和 de Barra，2018）。

2. 近年来，出现了越来越多的作品，描述厌恶特定洞形图案的人，比如海绵或肥皂泡上的洞。该研究将其作为一种障碍："密集恐惧症"。（例如 Kupfer 和 Le, 2018）这类刺激似乎会让相当多的一部分人感到厌恶。

3. Tybur 等（2013）。

4. Scherer 和 Wallbot（1994）。

5. Rozin 等（2008）。

6. 厌恶的生理影响不像其他情绪那么明显，但这些结论是根据现有研究得出的（Cisler 等，2009）。

7. Gable 和 Harmon-Jones（2010）。

8. Izard（1991）。

9. Woody 和 Teachman（2000）。

10. Duong 和 Saphores（2015）。

11. Rozin 等（1986）。

12. BBC 美食。

13. 这些独创性实验由 Rozi 等（1986）完成。

14. Haidt 等（1997）。

15. 恶心食物博物馆位于瑞典马尔默市，那里有牛阴茎、蛆奶酪、腌羊眼睛和小老鼠酒等展品。这些展览强调了新食物、怪食物与令人厌恶的食物之间的细微差别。

16. 从进化的角度来看，厌恶有助于解决三个问题：避免疾病、避免不当性接触、协调针对他人的谴责（Tybur 等，2013）。

17. Mason 和 Richardson（2012）。

18. Öst 等（1991）。

19. 当患者出现体重下降、营养不良或功能障碍时，就会被诊断为"回避性和限制性食物摄入障碍"（ARFID）。这种疾病指对感知食物的担忧（厌恶）或对进食后果的厌恶（恐惧）。

20. 对于这种诊断分类，目前尚缺乏循证干预措施。然而，基于本章和第一章关于恐惧概述的原则，目前已有一些针对认知行为疗法的试验（Thomas 等，2018）。

第五章

1. Ausubel（1955）概述了这些观点，他提出了产生内疚感所必需的三个心理条件：接受道德价值、遵守这些道德价值观的责任感、能够察觉行为和价值观之间的差异。

2. Scheerer 和 Wallbott（1994）。

3. Izard（1991）。

4. Izard（1991）。

5. 研究支持这样一种观点，即那些更有可能用内疚来解释模糊事件的人（也就是所谓的"内疚倾向"），行为确实会更具道德。例如，没有犯罪倾向的人不太可能参与攻击或犯罪行为，也不太可能有药物问题和危险性行为（Stuewig 和 Tangney，2007）。

6. Izard（1991）。

7. 本部分的观点是认知行为疗法的重要组成部分。人们通常将这些标准看作生活或功能失调假设的规则，这可以追溯到 Beck 的抑郁症认知疗法（1979）。

8. Zahn-Waxler 和 Robinson（1995）强调，当人们对事件的责任遭到夸大或扭曲时，就会产生内疚问题。

9. O'Connor 等（1999）。

10. 这是许多创伤治疗采用的方法，包括以创伤为中心的认知行为疗法和眼动脱敏再处理疗法（EMDR）。

第六章

1. 例如，一篇论文解释了为什么羞耻是"适应不良"，而内疚不是（Orth 等，2006）。

2. Izard（1991，p. 332）。

3. Crozier（2014）。

4. Tomkins（1963，p. 185）。

5. Scherer 和 Wallbott（1994）。

6. Scherer 和 Wallbott（1994）。

7. Lewis（2003）。

8. Crozier（2010）。

9. Izard（1991）。

10. Darwin（1872）。

11. Daniels 和 Robinson（2019）。

12. Daniels 和 Robinson（2019）。

13. De Hooge 等（2010）。

14. Dijk 等（2009）。

15. Daniels 和 Robinson（2019）。

16. Michl 等（2014）。

17. 这来自一个 12 期教育项目，主题是"羞耻弹性"，这也是他们介绍性课程的一部分（Brown 等，2011）。

18. 羞耻攻击属于 Albert Ellis 的理性情绪行为疗法（例如，DiGiuseppe 等，2014）。

19. Leach 和 Cidam（2015）测试了关于羞耻的主流观点：羞耻会导致人们以非建设性的方式回避他人。他们指出，有一些证据表明，羞耻感有时确实会导致接近和修复的欲望，但也有相反的观点。作者查阅了 90 篇研究论文，根据每一种造成耻辱的情况下修复的可能性，对每篇论文进行了编码。在针对因任务失败而感到羞愧的研究中，参与者有机会重做相同或类似的任务，这些研究被贴上了更容易修复的标签。羞耻感的原因是失败，而且没有机会弥补，只能做一些不同的事情，比如与陌生人合作就很难弥补。在很大程度上，引发羞愧感的事件修复的可能性有多大，决定了这些研究参与者是选择修复还是自我保护或辩护。

20. 参考如 Ashikali 等（2017）。

21. 这就是 Scheff（1987）强调的"羞耻 – 愤怒"螺旋。

22. 这些技术是许多认知行为疗法方法中不可分割的一部分，而不仅仅是最早的认知行为疗法，即 Beck 的认知疗法模型（1979）。

第七章

1. Izard（1991）、Scherer 等（1986）。

2. Scherer 和 Wallbott（1994）。

3. Gross 等（2012）。

4. Diener 等（2009）关于幸福的一章中回顾了这些发现，颇有益处。

5. Calvo 和 Lundqvist（2008）。

6. Izard（1991）。

7. Ekman 和 Friesen，1982。

8. Kraut 和 Johnson（1979）观察了许多保龄球手、曲棍球迷和行人，调查与其微笑关联最强的事物。他们发现，微笑与社会交往之间存在联系，微笑与可能唤起快乐的环境之间也存在联系。

9. 有证据支持这一论断，那些在实验中被鼓励快乐的人，以及那些总体上更倾向于快乐的人，以更广泛的方式思考，更倾向于关注全局而不是细节。这在现实世界中有很多案例，例如，在驾驶模拟器中驾驶。这些想法都来自 Barbara Fredrickson（例如，2013）概述的积极情绪"扩大和建立"理论。

10. Meadows（1968）。

11. Vlahovic 等（2012）。

12. Robert Provine 在其工作生涯中花费大量时间从不同的角度研究笑。这些想法很多都来自 1996 年发表在《美国科学家》上的一篇文章，文章写得很漂亮，并附有插图，总结了他的工作。

13. 这是 Lucie Bernardo 和 Otto Rathke 在 1922 年发行的一首音乐，在 Felix Siberts 演奏的短号伴奏下，两人放声大笑。这首歌十分畅销，已经卖出了大约 100 万首。

14. Aknin 等（2012）。

15. 这些想法来自"拓展与构建"理论，该理论有证据表明，更多的幸福体验和相关的愉悦情绪与各种因素有关，如生活弹性、生活满意度和亲密关系（Fredrickson，2013）。

16. Lyubomirsky 等（2005）。

17. 所有的幸福模型都包含愉悦或"积极"情绪的元素，许多还包括情绪调节成分。这个轮辐结合了这两者，强调情感以及我们生活中所有情感的重要性。

18. Fordyce（1981）。

19. Hinsz 和 Tomhave（1991）。

20. Scherere 和 Wallbott（1994）和 Golle 等（2014）。

21. 2017 年的一项研究发现，当研究人员要求跑步者微笑时，跑步的有氧运动表现明显好于皱眉。面部表情比有意识地专注于放松更有力量，而后者往往无济于事（Brick 等，2018）。

22. van der Wal 和 Kok（2019）。

23. 这个练习来自接受和承诺疗法（ACT），强调我们的价值观在日常生活中的重要性，并认为追求这些价值观会导致负面情绪（Hayes 等，2011）。

24. 若要深入了解停止做那些感觉重要（实际不重要）的事情，请参阅 Greg McKeown 的《本质主义》（2014）。

25. 每周数一次自己所拥有的幸福的人，比不这样做的人更快乐，也比每周数三次的人更快乐，因为数三次可能会显得太刻意（Seligman，2005）。

后 记

亲爱的读者：

恭喜你读完了这本书！

在本书中，我们探索了情绪的定义：情绪是人们对生活中大小事件的反应。每种情绪都源于情绪五元素（感觉、身体反应、面部表情、思维和行为），也会反过来影响情绪五元素。每种情绪都会协调这五个方面来引导我们的行为，这就是情绪的功能。在本书的七个章节中，我们探讨了七种情绪在生活中分别会发挥怎样的作用，例如，保护我们免受威胁，帮助我们纠正错误，或者将我们与周围的人联系起来。在大多数情况下，情绪都对我们有帮助，例如，鼓励我们做出艰难的抉择，帮助我们过上充实快乐的生活。也许书中的一些观点对你来说并不陌生，但我仍然希望你能通过这本书加深对这一观点的理解。

此外，我们还提出了一个观点：情绪问题不是身心疾病，而是处理情绪的方式存在问题。从这个角度出发，我们引申出的观点构成了本书其余部分的基础。我们详细探讨了七种情绪，着眼于如何理解、接受、容忍我们的情绪，如何回应情绪，以及如何摆脱情绪陷阱。

希望每章的这三个部分都对你有所帮助。现在，你应该信心十足，敢于停下来思考自己的感受，思考你该何去何从。对于自己曾陷入的情绪陷阱，你应该有了更深刻的理解，清楚地知道如何从中挣脱。

祝生活愉快。

劳伦斯